從原理&規則建構公式×方程式×函數×圖形的進階實力！

超實用 中學數學概念筆記

難波博之・著　卓惠娟・譯

序言

先問各位以下幾個問題，大家知道原因嗎？

- 為什麼負負得正呢？
- 為什麼$\sqrt{3} \fallingdotseq 1.732$呢？
- 為什麼$y = 2x - 1$的圖形是直線呢？
- 為什麼球的體積公式是$\frac{4}{3}\pi r^3$呢？

以上四個問題都是國中學習的計算、函數、圖形等數學公式。

但是，如果問「這是為什麼呢？」應該只有少數人能夠準確回答其中的理由。

那麼，究竟該怎麼做才能自信滿滿地回答「為什麼會這樣」的提問呢？

那就是**必須理解「規則」及「事實」的觀點**。

學生時期不明白數學公式的原理，只靠囫圇吞棗死背的人，如果能理解「規則」及「事實」的不同觀點，數學觀念將產生180度的轉變，理解程度將有驚人的提升。

我上一本從「規則」及「事實」的觀點，解說小學的算術教科書《從原理開始理解數學：計算×圖形×應用》，多虧讀者支持，獲得廣大迴響。

能夠幫助許許多多社會大眾令我感到欣喜，但同時也令我再次深刻體會竟有那麼多社會人士在學生時期學習數學只靠死背。

本書是繼算術主題推出的第二彈，如同一開始舉出的國中數學計算、方程式、函數、圖形等公式，從「規則」及「事實」的觀點，解說「為什麼會這樣？」

此外，為了讓各位更進一步體會數學的樂趣，本書更推出「通則、特例」的觀點，若是能注意到「通則」，就能快速擴大理解相關的問題，明白國中數學與高中數學的關係，令數學的學習更有趣，因此，為了讓更多人體會其中樂趣，我在本書舉了許多「通則」的例子。

本書和前作同樣透過兩名角色的對話形式——扮演教師的「Masuo」和不擅長數學的社會人士「瑪莉」，並在解說時兼顧「淺顯易懂」及「周全明白」的原則，讓學生時期不擅長數學的讀者，也能輕鬆愉快地閱讀。

若能讓學生時期對國中數學感到「無聊」、「痛苦」的讀者，透過本書發現數學的樂趣，將是我最大的榮幸。

難波博之

CONTENTS

第3章 圖形

登場人物介紹

Masuo 老師

單月400萬點閱數「高中數學的美麗物語」網站管理人。真實身分是東京大學畢業的超大型企業研究員。國中一年級時，幾乎全憑自學而學會高中數學的數學狂。高中時曾獲在墨西哥舉辦的國際物理奧林匹亞競賽銀牌。

瑪莉

在某企業擔任營業人員的二十多歲女性。在自己和旁人的眼中都是典型的文科生，學生時期數學考試一天到晚都是滿江紅。連業務成績的計算也一蹋糊塗，因為希望擺脫每天被公司前輩責罵的日子，決心重新學習並且成功克服小學數學。這一次，將再度在Masuo老師的指導下，挑戰重新學習國中數學！

學校沒教的超奧妙國中數學世界

⊕ 長大成人後重新學習的國中數學課程

老師，為什麼國中數學這麼難呢？

瑪莉，妳為什麼這麼說呢？

之前多虧老師的指導，我總算能勝任家庭教師一職，教我姪子數學。

現在他升上國中，又找我當他的家教，我剛開始教就覺得超挫折（汗）。

聽到他說：「瑪莉阿姨都已經是大人了，竟然連國中數學都不懂。」我真不甘心……（哭）。

原來如此。

所以，這次是打算從頭開始學國中數學？

沒錯！

小學算術我覺得還算有搞懂，但是國中數學真的變很難。

再次體會到自己的數學實在爛透了。

希望藉這個機會脫胎換骨！

拜託您了！

我知道了。

這就為瑪莉來開個國中數學課吧！

真的嗎？謝謝您！

⊕ 國中數學的重點也是「規則」與「事實」

國中數學的公式好像變多也變難了……。

是的。

國中數學因為算式裡摻雜文字，可能讓很多人覺得「國中數學和小學算術分屬兩個世界，非常艱深」。

不過，照我的看法，「國中數學和小學算術雷同，沒有必要加以區別思考」。

咦？小學算術和國中數學差不多嗎？

雖然要學習的主題不一樣，但關鍵的原理仍然相同。

比方說，**不論小學算術或國中數學，確實分辨「定義（規則）」與「定理（事實）」都很重要**。

「定義（規則）」與「定理（事實）」……。之前您在教算術時也說明過。

是的，我在上一本《從原理開始理解數學》中也曾提過，不過，在這裡還是再說明一次吧！

⊕ 「定義」就是數學裡的約定成俗事項，也就是「數學的規則」

算術中有「先乘除後加減」的原則，這只是「規則」而已。

因為規則只是由人決定的事項，並不是「絕對正確」。

當然，數學規則通常都是基於合理的理由而決定。但因為**畢竟都只是規則，所以並不存在「所有人都絕對無法反駁的明確理由」**。

有關「規則」，還有另一個例子。

「規則」的例子

- 什麼是負數？→「和a相加得到0的結果時，稱為－a」
- 什麼叫相似形？→「不論旋轉、放大縮小、平移、翻轉，都能完全重疊的2個圖形」

有關這些規則，我會從下一章開始詳細說明。

⊕「定理」是從規則導出的「數學的事實」

根據規則而證明的事實，稱為「定理」。
定理的例子如下：

- 為什麼負負得正呢？
- 為什麼$y = ax + b$的圖形是直線呢？
- 為什麼球的體積是$\frac{4}{3}\pi r^3$呢？

妳在國中時，老師或許只告訴妳這些定理「就是這麼回事」，但既然是定理，一定能透過證明得出事實。

證明是保證某個主張「在邏輯上能正確而嚴密的說明」，所以只要讀了證明，任何人都無法反駁。

順帶一提，我會從下一章開始詳細解說這些定理的意義或證明。

數學的「規則」與「事實」……。

所以只要區別這兩者來思考，就連我這樣的文科生也能理解國中數學嗎？

當然！

學校授課的時間因為受到限制，很可能並沒有好好地讓學生認識規則與事實的差異，或是沒有確實指導事實的證明。

我們就透過本書來好好地複習吧！

麻煩您了！

● 瑪莉的memo

➔數學的內容分為「定義（規則）」和「定理（事實）」！

➔想要更輕鬆快速理解數學，就必須確實區分數學的規則與事實。

圖1　規則與事實

規則（定義）

- 數學中的約定俗成。
- 因為是「由人決定的規定」，所以不存在所有人都無法反駁的理由。
- 未來仍有變更的可能性。

事實（定理）

- 已得到學術證明。
- 只要前提的規則不變，內容就絕對不會變。

「通則」讓國中數學簡單十倍，變得更有趣！

本書討論主題

那麼，接下來請教我國中數學，並告訴我該如何區別「定義（規則）」及「定理（事實）」！

圖2　本書的全貌

通則

	國中數學		高中數學
第1章 公式與計算	・正數及負數		
	・文字式		
	・展開式（平方）	→	・二項式定理
	・因式分解（平方）	→	・因式分解（n次方）
	・根號	→	・n次方根
	・指數（平方、三次方）	→	・指數（實數乘法）
第2章 方程式與函數	・一次方程式		
	→・聯立方程式		
	→・二次方程式	→	・高次方程式
	・比例		
	→・一次函數		
	・$y=ax^2$	→	・二次函數
第3章 圖形	・畢氏定理	→	・餘弦定理
	・相似		
	・三角板	→	・三角比
	・中點	→	・內分點
	・球的體積	→	・重心

稍等一下，進入各個主題前，我先把本書要介紹的內容整理成圖表。

本書把國中數學分為「公式與計算」、「方程式與函數」、「圖形」這三個領域分別解說。

表格的右邊，是相關的高中數學單元。

呃，先等一下……（汗）。

在說明那麼艱深的高中數學前，我希望先搞懂國中數學就好了……。

是的，基本上我會詳細說明的是左邊的國中數學。

不過，有時為了確實理解國中數學，同時說明高中數學的一部分反而比較好。

為了理解國中數學而認識高中數學……是嗎？

是的。剛剛說過**「小學算術和國中數學雷同」**，**「國中數學和高中數學大同小異」**，所以**沒有必要刻意區別國中數學和高中數學去思考**。

是嗎？

我還以為如果沒有先確實理解國中數學，就很難理解高中數學……。

這倒也不盡然。

比方說，**國中數學的單元和高中數學的單元，很多都是「通則、特例」的關係**。

圖表上也是以藍色箭頭（通則）穿過點線（國中及高中數學的一道牆）呢！究竟什麼是「通則、特例」呢？

粗略來說，**通則就是針對多個研究目標，找出共通的定律、特性**，也可以稱為**抽象化**。

根據通則的思考方式，注意到「範圍更廣泛的相關研究目標」，就能加深理解程度。

「範圍更廣泛的相關研究目標」？

是的。學習時一邊注意「範圍更廣泛的相關研究目標」，學習更有趣，也能提高學習動機喔！

能夠發現和高中數學的關係，就能更清楚「如果要為高中以後做準備，國中數學非常重要」。詳情我會從下一章開始舉例說明。

原來如此。我還不太明白「通則、特例」是什麼，還請您仔細指導！

好的！

從下一章開始，我會針對國中數學各個主題，就「規則與事實」、「通則、特例」這2個觀點加以說明。

我知道了！

瑪莉的memo

- **算術／國中數學／高中數學都是「類似的概念」，所以通常不需要嚴格區分。**
- **國中數學／高中數學的多數單元有「通則、特例」的關係。**

第 1 章

公式與計算

正負數①

0並不是「空無所有」的意思？

「0」的定義（規則）

國中數學一開始要學的是「正數和負數」。

您是指 $(-2)+(-3)$ 這類負數的計算對吧？
我超不擅長計算負數……（汗）。

嗯。負數確實非常難以理解。
雖然我要先從負數開始說明，但其實這很有可能是本書最難的內容。

不會吧？真的那麼難嗎?! 我學得會嗎？……（汗）

雖然很難，卻很有趣喲！
順便說明一下，即使不懂細節，也不會影響對後續內容的理解，所以就算先跳過這一節，先讀後面的內容也沒關係。

我知道了！

接著我就要來說明和負數有關的概念。
首先，我們先想想「什麼是0」，來當作熱身。

0就代表「空無所有」的數字對吧？

一般都會這麼認為，但這麼一來，「所謂空無所有又是什麼意思？」同樣是很曖昧不明的定義。我們在這裡稍微再仔細想一想下列有關 0 的規則。

0的規則

「不論和任何數字相加，都不會改變數值的數字」寫成 0。
也就是說，0 是對於任意數 a，

$$a + 0 = 0 + a = a$$

上列算式可以成立的數字。

呃……（汗）。我不記得曾在學校學過這樣的內容耶……。

的確，因為這個主題很難，我想國中老師應該沒教過。

不過，我想妳會漸漸習慣，這裡就暫且記住「$a+0=0+a=a$」的規則。

好⋯⋯我知道了⋯⋯。

⊕「負數」的定義（規則）

對 0 先有大致概念後，接著要思考的是「負數」。

負數就是指-3或-5這類數字對吧？

完全正確。我先介紹負數的規則。

負數的規則

加上某數a後變成0的數字，就寫成$-a$。

換句話說，對於任意數a

可以得到以下的算式。

$$a+(-a)=0$$

嗯，也就是……。
以3來說，3＋□＝0的話，□的數值就是－3，是這個意思嗎？

是的，就是這樣！

不過，我無法具體想像3＋□＝0的數字……。

這是**「類似這樣的概念，就當作－3」的規則**。
就算無法立即理解「類似這樣的概念」是什麼，不知道它有什麼功用，總之先記住這個概念。

原來如此……。也就是先訂下「這條規則」對吧？
咦？但我們在寫「減3」的時候，不是也會寫成－3嗎？

妳的觀點很敏銳呢！既然妳提出這個問題，我接下來便說明「負數」和「減法」的差異。

什麼?! 負數和減法是不同概念嗎？

是的。**負數和減法是不同的概念**。負數的規則我剛剛說明過了，接下來我們來看看減法的規則。

減法的規則

從a減掉b的「a－b」，就是「b＋c＝a的數字c」。

呃……有點難懂……。

覺得難以理解時，不妨代入實際數字來思考。假設a＝7，b＝4，寫成「7－4」呢？

嗯……4＋c＝7，然後推算c是多少對吧？這麼一來，c＝3！確實，計算「7－4」的時候，自然會以「因為4＋3＝7，所以7－4＝3」的方式來思考。

一點也沒錯。減法就是像這樣運用加法來定義的。

但負數和減法卻是不同概念不是嗎……？
這實在令人一頭霧水。

了解「負數規則」和「減法規則」後，我們來想想它們之間的關係。

負數和減法的關係？

事實上，**「減法的結果」和「加上負數的結果」相同**。

減法和負數的事實

對於任意數a、b

$a - b = a + (-b)$

呃……我不太懂這一則式子的意思……（哭）。

左邊是a和b的減法運算；右邊則是a和「$-b$」的加法運算。

看起來相似，其實意義完全不同。

意思就好像$5 - 3 = 5 + (-3)$是嗎？

一點也沒錯。我們來試著證明。

證明

把減法 $a-b$ 的式子先改成 c：

$a-b=c$

這時候，如果運用減法規則，就是 $a=b+c$。

因此

$a+(-b)$

$=(b+c)+(-b)$　　←運用 $a=b+c$

$=b+(-b)+c$　　←加法運算可以交換順序

$=0+c$　　←運用「負數規則」

$=c$　　←運用「0的規則」

換句話說，$a-b$ 和 $a+(-b)$ 同樣會得到 c 的結果。

嗯……算式的中間使用了剛剛提到的「0的規則」以及「負數規則」。

並非單純的「因為 $5-3$ 和 $5+(-3)$ 相同」，而是能基於規則證明出來的結果。

是的，透過像這樣的證明過程，就能充滿自信地說出類似下列的算式。

$$5-3=5+(-3)$$

我懂了！「負數的加法」和「減法」，雖然規則不同，但結果會得到相同的數值對吧？

沒錯！

接下來說個題外話。

減法是運用加法來定義。

如果用稍微難一點的用詞來說，**減法可以說是「加法的逆運算」**；同樣的，**「除法是乘法的逆運算」**。

這個在上一本提到算術的時候已經學過了呢！

所以加法和乘法可以說是四則運算（加、減、乘、除）之中的主角。

減法和除法分別是加法及乘法的逆運算，所以就本質來說，也可以說不是四則運算，而是二則運算。

好厲害……！

真是令我茅塞頓開！

那麼，最後就當作負數規則的運用練習，一起思考0的乘法運算吧！

0的乘法運算？

是的，以下的事實成立。

0的乘法運算事實

對於任意數a

$a \times 0 = 0 \times a = 0$

也就是說，「0乘以任何數字都等於0」？

是的。雖然乍看之下理所當然，但我們可以確實證明「$a \times 0 = 0$」。

首先，根據0的規則，$0 = 0 + 0$。

接著，運用等式的性質，兩邊都乘上a，得出

$$a \times 0 = a \times (0 + 0)$$

接著使用分配律，右邊就得到如下的結果。

$$a\times(0+0)=a\times0+a\times0$$

也就是說，

$$a\times0=a\times0+a\times0$$

接著再運用等式的性質，兩邊都加上 $-(a\times0)$，會得到以下的算式。

$$a\times0+\{-(a\times0)\}=a\times0+a\times0+\{-(a\times0)\}$$

最後請妳回想負數規則。

左邊是 $(a\times0)+\{-(a\times0)\}=0$

右邊是 $(a\times0)+(a\times0)+\{-(a\times0)\}=a\times0$

換句話就是下列結果！

$a \times 0 = 0$

哇！確實可以證明「0乘以任何數都是0」。雖然有點難，但只要根據幾個規則，循序漸進思考，就能理解呢！

雖然乍看之下覺得理所當然，但「0乘以任何數都是0」是從規則所導出的事實。

我大致理解了，雖然還是覺得很難。

其實我已經省略了更困難的部分，不過這一節確實很難對吧……？

更困難的部分？

是的，例如以下的問題。

- $a + 0 = 0 + a = a$所成立的數值0，真的存在嗎？除了0，有沒有第二個這樣的數值呢？
- 等式的性質、交換律、分配律是規則？還是事實？

總之，這裡只要先理解以下的重點就行了。

規則的重點整理

- $a+0=0+a=a$ 所成立的數值寫為0
- 加上任意數a會變成0的數字寫成$-a$
- 減法運算「$a-b$」就是指「$b+c=a$的數字c」

事實的重點整理

- 減法運算和負數的事實：$a-b=a+(-b)$
- 0的乘法事實：$a\times 0=0\times a=0$

●瑪莉的memo

➔了解0和負數的規則。

➔證明了根據規則而得到的事實。

➔減法運算和負數其實是不同概念。

為什麼負負得正？

什麼是「負數的倍數」？

理解0與負數規則後，我們接著來想一想負數的乘法運算。

負數的乘法運算？

是的。例如下列的算式。

$$2\times(-3)=-6$$
$$(-2)\times(-3)=6$$

這麼一說，我記得有個口訣，

正負得負

負負得正

是這樣嗎……？

沒錯。妳知道理由嗎？

呃，我記得老師教的時候只說「直接背起來就對了」。
其中的「負負得正」，實在是不懂為什麼……。

的確如此。這是很難的主題。應該是很多人在國中數學最先遇到的挫折。

⊕ 證明「負負得正」

那麼，接下來我先說明為什麼「負負得正」。

這是……呃……。
因為$2\times(-3)$有2個(-3)，所以$(-3)+(-3)=-6$
是這樣嗎？

雖然這麼說明也沒有錯。不過，我們不妨試著以「事實（定理）」和「進一步證明」的形式來理解。

什麼？這也可以證明嗎？

是的，我們來證明以下的事實吧！

負數乘法運算的事實

$a\times(-b)=-(a\times b)$

尤其是

當a和b都是正數時，可以得出
「正數×負數＝負數」

以上的算式。

原來如此，要證明的是這個事實。

是的，所以我要運用負數規則來證明。

根據「負數規則」

$(-b)+b=0$

根據「等式性質」，兩邊都乘以a

$a\times(-b+b)=a\times 0$

再根據「0的乘法事實」，不論任何數乘以0都等於0，

所以右邊等於0：

$a\times(-b+b)=0$

根據「分配律」，左邊稍微改變寫法

$a\times(-b)+a\times b=0$

然後根據「等式性質」，兩邊都加上$-(a\times b)$

$a\times(-b)+(a\times b)+\{-(a\times b)\}=0+\{-(a\times b)\}$

左邊運用「負數規則」

$a\times(-b)=0+\{-(a\times b)\}$

右邊運用「0的規則」，得出

$a\times(-b)=-(a\times b)$

哇！好厲害……。

運用剛剛說過的負數規則、0的規則等，就可以確實證明耶。

實際把數字代入a和b的位置再看一次。

●以$a=2$，$b=3$代入來想想看。

根據「負數規則」

$-3+3=0$

根據「等式性質」，兩邊都乘以2

$2\times(-3+3)=2\times0$

再根據「0的乘法事實」，右邊等於0，所以

$2\times(-3+3)=0$

根據「分配律」，左邊改變寫法

$2\times(-3)+2\times3=0$

根據「等式性質」，兩邊都加上$-(2\times3)$

$2\times(-3)+(2\times3)+\{-(2\times3)\}=0+\{-(2\times3)\}$

左邊使用「負數規則」

$2\times(-3)=0+\{-(2\times3)\}$

右邊運用「0的規則」，得到

$2\times(-3)=-(2\times3)$

代入實際的數字，就容易懂了。

與其思考「負數的倍數是什麼樣子？」我認為理解事實並進一步證明，更能徹底理解。

⊕ 證明「負負得正」

接下來我們要進入真正的主題——「負負得正」。

學生時期，老師通常只會告訴我們「反正就是這麼回事」不是嗎？

我們老師的說法，是要我們想像「借款的借款等於存款」，但我完全一頭霧水⋯⋯。

的確如此。

憑感覺來說明「負負得正」要令人心服口服，確實有困難。

雖然有時憑感覺說明能有助於理解，但是「根據規則證明」的態度才更重要。

這也能和剛剛一樣證明嗎？

當然，我們就循著同樣的順序來證明吧！

證明「負負得正」，也就是說

要證明$(-a)\times(-b)=a\times b$

首先，根據「負數規則」

$(-a)+a=0$

根據「等式性質」，兩邊都乘以$-b$

$\{(-a)+a\}\times(-b)=0\times(-b)$

再根據「分配律」及「0的乘法事實」，

$(-a)\times(-b)+a\times(-b)=0$

從剛剛證明過的「正負得負」，

得到$a\times(-b)=-(a\times b)$

所以$(-a)\times(-b)+\{-(a\times b)\}=0$

根據「等式性質」，

$(-a)\times(-b)+\{-(a\times b)\}+(a\times b)=0+a\times b$

右邊運用「0的規則」，

$(-a)\times(-b)+\{-(a\times b)\}+(a\times b)=a\times b$

左邊運用「負數規則」，得出

$(-a)\times(-b)=a\times b$

證明出來了！假設 $a=2$，$b=3$

$(-2)\times(-3)=2\times 3$

的算式就成立了。

「負負得正」也是和剛剛一樣可以證明的事實呢！

我原本以為這鐵定是規則。

● 瑪莉的memo

➔「正負得負」和「負負得正」，都可以運用負數規則、等式性質及0的規則、分配律來證明。

➔不是憑「想像」去理解，而是以定理及證明來理解，更能徹底心服口服。

為什麼「a×b」要寫成「ab」呢？

⊕ 文字式「a×b」和「ab」的差異

國中數學好像經常出現像剛剛算式中的a或b耶。

是的。文字式非常方便。

例如「簡潔表現出代入任何數字都能成立的等式」這類的優點。在研究數學時習慣文字式是必要的。

這麼一說，剛剛的負數乘法運算出現了「a×b」的算式對吧？

我記得「a×b」要寫成「ab」才可以不是嗎？

哇！瑪莉，我剛好要說明，妳就注意到了耶！

所以「a×b」真的必須寫成「ab」才行嗎？

不，並不是非得寫成ab才行。

什麼？真的嗎？

我記得國中時如果寫a×b，都會被老師用紅筆改成ab……。

並沒有「一定要寫成ab」這回事。正確來說，應該是「a×b寫成ab也可以。而多數人都是寫ab」。無論如何都是**標示時約定成俗的習慣**。a×b和ab都是同樣意思，所以寫成a×b或ab都可以。

咦？是這樣啊?!

不是義務，而是類似「大家都這麼做而形成的默契」是嗎？

是的。

有關「省略乘法運算中的記號『×』」更進一步詳細說明，就像下列這樣。

- $2\times a$通常都會省略乘號而寫成$2a$。
- $a\times b$通常都會省略乘號而寫成ab。
- $(2+a)\times(a+b)$等有括號的情況，通常也會省略乘號。
- 2×3如果省略乘號變成「23」，容易和二位數的「23」混淆，所以不省略乘號。

只出現數字時因為容易混淆，所以才不省略對吧？

是的。

所以我再強調一次，乘號「可以省略」，但並不是「不省略就錯了」。

省略乘號「×」的理由

既然省或不省略都可以，為什麼還要訂這條規則呢？

我也不清楚這個書寫規則的真正原因。

不過，省略具有以下的優點。

優點1：省略後更輕鬆

寫成「ab」比寫「a×b」更輕鬆。

尤其是乘法運算個數增加，譬如abcde相乘，若是要寫成a×b×c×d×e時，真的很麻煩。

原來如此。省略乘號確實比較輕鬆。

雖然沒有優點1這麼重要，不過還有另一個優點。

優點2：乘號「×」容易和其他文字如英文字母的「x」或希臘字母「χ」混淆，所以省略可以防止判斷錯誤

原來如此！

雖然不省略也沒關係，但有時候省略比較方便。原來也有像這樣的彈性規定。我原本以為數學不可能出現「兩者皆可」的情況。

的確如此。

更進一步來說，在數學的世界，也容許事先講清楚訂定的規則，再進行推演討論。

這是什麼意思呢？

比方說a×b＋c×d，一般寫成ab＋cd，但是只要一開始先宣稱「我會省略加號，但乘號不省略」，寫成(a×b)(c×d)也是可以的。

這麼說也對，只要事先說明清楚，就能明白這是「a×b＋c×d」。

不過，這無論如何都只是舉例，因為這個寫法多數人都不習慣，讀起來比較辛苦，像這樣就失去省略的意義了。雖然就數學角度來說並不算錯。

只要先宣稱的話，兩者都可以對吧？
我一直以為數學的標記方法都有絕對的正確答案，所以真的超意外……。

●瑪莉的memo

➔a×b可以寫成ab。數學算式可以像這樣省略乘號「×」。

➔這些都是一般人廣泛使用的習慣，即使不省略，從數學觀點來看並非錯誤。

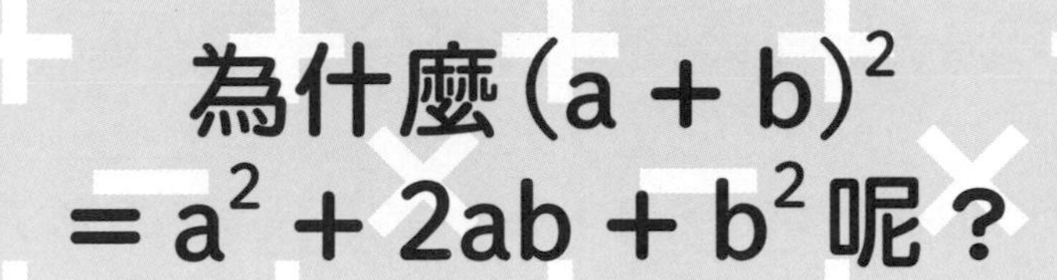

什麼是展開式？

接著我們來想想看有關「展開式」。

「展開式」……我好像聽過，那是什麼來著？

例如，妳記得以下這一則公式嗎？

$$(a + b)^2 = a^2 + 2ab + b^2$$

哇……愈來愈有正式上數學課的感覺了……（汗）。國中時邊哭邊背公式的情景我還記憶猶新。

這就是稱為「展開式」或「乘法公式」中的其中一條式子。應該有很多人和妳一樣都是靠死背記住。

一堆長得很像的公式，所以才討厭數學啊……（哭）。

前面說的乘法標示方法是「規則（定義）」，但這裡的展開式則是「事實（定理）」。

數學熱愛者的特質，正是看到「規則」會思考制定規則的人是什麼樣的心理，看到「事實」則設法證明。

這裡就以展開式為例，證明以下公式吧！

$$(a+b)^2 = a^2 + 2ab + b^2$$

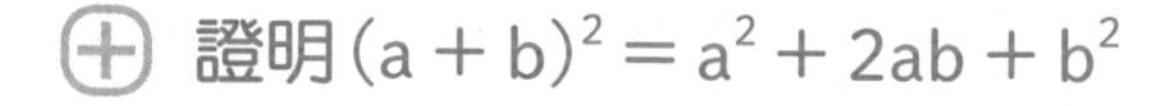

證明 $(a+b)^2 = a^2 + 2ab + b^2$

該怎麼證明呢？

$(a+b)^2 = a^2 + 2ab + b^2$ 是反覆使用「分配律」來證明。

首先，$(a+b)^2$是「$(a+b)$乘以2次」，

所以$(a+b)^2=(a+b)\times(a+b)$

使用分配律：$x(y+z)=xy+xz$

得出$(a+b)(a+b)=(a+b)a+(a+b)b$

更進一步使用分配律：$(x+y)z=xz+yz$的結果，

上面的算式就變成

$(a+b)a+(a+b)b$

$=(a^2+ba)+(ab+b^2)$

$=a^2+2ab+b^2$

由此可證$(a+b)^2=a^2+2ab+b^2$

哦～只要使用分配律一一計算下來，就能夠證明耶！

其他的展開式，全部能運用分配律來證明。我就試著再多介紹一個例子吧！

$(a+b)(a-b)=a^2-b^2$的證明

運用分配律計算，得出

$(a+b)(a-b)=(a+b)a+(a+b)(-b)$

再次使用分配律，右邊得出

$(a+b)a+(a+b)(-b)$

$=a^2+ba-ab-b^2$

$=a^2-b^2$

這次也是運用分配律證明出公式。雖然很多人都會死背展開式，其實只要理解「運用分配律就能導出公式」，萬一忘記公式，也不會因此慌慌張張。

原來如此，也就是不需要死背對吧！

不必死背也沒關係，不過背下來能夠節省計算的時間。

既能「背下來」又能「知道是怎麼導出來」是最理想的呢！

瑪莉的memo

→只要運用分配律慢慢計算，就能導出展開式。

→背下來雖然能更快解題，但萬一忘記也知道如何導出展開式，所以不必擔心會忘記。背誦和理解同樣重要。

展開式的「通則」

$(a+b)^3$、$(a+b)^4$等展開式的指數增加會怎麼樣？

⊕ $(a+b)^3$的展開式？

求展開式時，只要像這樣逐一仔細思考，就不會手忙腳亂了呢！

沒錯。

那麼，接下來再問妳一個問題。$(a+b)^3$該怎麼展開呢？

什麼？這麼突然？

嗯……$(a+b)^3$的話，

$$(a+b)^3=(a+b)(a+b)(a+b)$$

就像這樣相同的內容乘以3次對吧？

一點也沒錯！

就算變成三次方，只要知道「展開式是從分配律導出來的」，就能不慌不忙地計算導出來。

$$
\begin{aligned}
&(a+b)^3\\
&=(a+b)\{(a+b)(a+b)\}\\
&=a(a+b)(a+b)+b(a+b)(a+b)\\
&=a(a^2+2ab+b^2)+b(a^2+2ab+b^2)\\
&=a^3+2a^2b+ab^2+a^2b+2ab^2+b^3\\
&=a^3+3a^2b+3ab^2+b^3
\end{aligned}
$$

能夠以同樣方法導出來耶。

再把二次方（平方）和三次方（立方）的展開式並列看看。

$$
\begin{aligned}
&(a+b)^2=a^2+2ab+b^2\\
&(a+b)^3=a^3+3a^2b+3ab^2+b^3
\end{aligned}
$$

有沒有覺得很相似？

呃……（汗）。是這樣嗎？

二次方的情況，在2ab中出現的是2；三次方時，$3a^2b$中出現的是3。

妳不覺得n次方時，似乎就會出現n嗎？

n次方……？

是的。

喜歡數學的人在思考2或3的時候，也會連帶思考n的情況。

這就是**「建立通則（抽象化）」**的思維。

「建立通則（抽象化）」？

簡單說明的話，**「所謂的通則，就是針對多個研究目標提出可共通使用的定律、特性」**。

比方說剛剛的算式：

$$(a+b)^2=a^2+2ab+b^2 \text{和} (a+b)^3=a^3+3a^2b+3ab^2+b^3$$

這個公式，多數人應該都是死背記下來的。

沒錯……，這兩則公式我都是靠死背。

但是，如果任何正整數n都能使用「$(a+b)^n$展開式」，這麼一來只需記住一條公式就好了，不是很方便嗎？

什麼?! 竟然有這麼厲害的公式？

雖然有點困難，不過實際上剛剛的$(a+b)^2$和$(a+b)^3$的展開式有通則的公式可用。

換句話說，就是有展開$(a+b)^n$的「二項式定理」公式。

二項式定理

$$(a+b)^n = a^n + {}_nC_1a^{n-1}b + \cdots + {}_nC_{n-1}ab^{n-1} + b^n$$

老師……怎麼又出現沒看過的符號啦（哭）！

是的，因為${}_nC_k$是在高中數學才學的「二項式係數」。這是出現在高中數學單元，應用在「表現排列組合的數值」。因為有點複雜，這裡就省略細節，簡單說在這個公式中，當n代入各種不同數值時，會變成下列的樣子。

$n=1$時，$(a+b)^1=a+b$

$n=2$時，$(a+b)^2=a^2+2ab+b^2$

$n=3$時，$(a+b)^3=a^3+3a^2b+3ab^2+b^3$

$n=4$時，$(a+b)^4=a^4+4a^3b+6a^2b^2+4ab^3+b^4$

看起來好難……（汗）。

不過，確實出現了$(a+b)^2$及$(a+b)^3$的展開式，似乎真的有規則性。

這裡省略了中間的計算，不過，若能理解所謂的二項式定理通則後的公式，只要想一想$(a+b)^2$就是「二項式定理的$n=2$」，不必死背也能得出展開式。

乍看似乎很難的公式，但想到不管是乘多少次方都能用，簡直是一石二鳥呢！

是的。豈止二鳥，應該說是「一石n鳥」。

記住一個通則公式，遠比一條一條死背公式更有效率呢！

不僅「有效率」，通則化還有其他優點。

如果只是一一死背公式，就無法理解與公式展開相關，更廣闊範圍的事實。

藉由理解通則，不是將 $(a+b)^2$ 及 $(a+b)^3$ 視作個別獨立的算式，能打開數學更寬廣的眼界。

通則的威力真是強大！

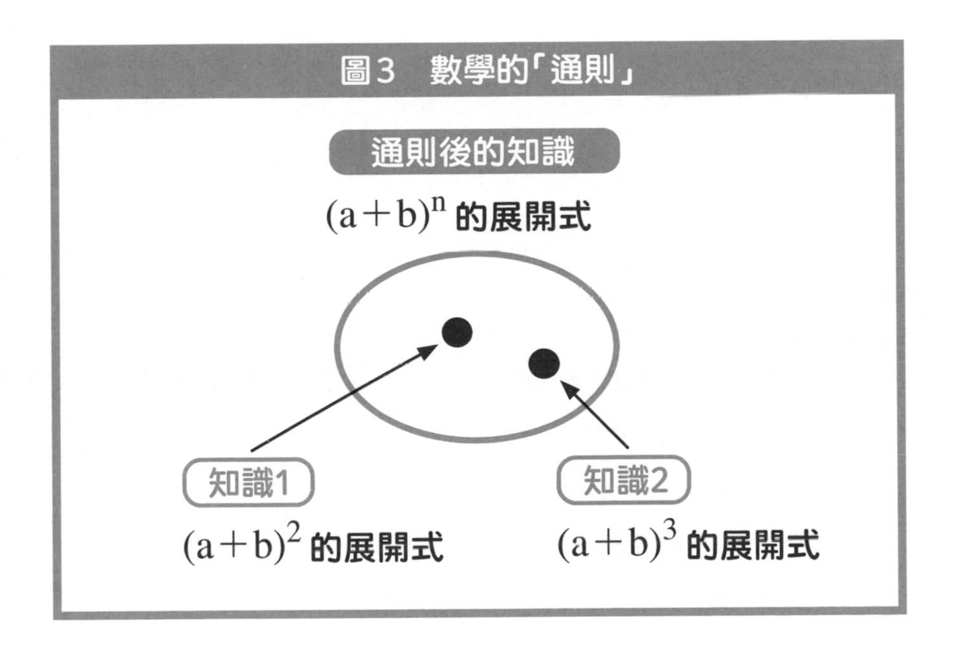

不妨想像一下：很多時候學校的課堂上學習的數學內容，就如同點狀的知識。透過「通則」的觀點，就能把點擴大成圓。把多項分散的知識，統整為一個大範圍的知識，重新認識、加深理解。

哇！要是學校一開始就教我們通則化就好了。

這倒也未必。

一開始就學習困難的通則，可能多數人也意會不過來。所以先從生活中熟悉的實例去認識，然後再學習通則加深理解，這樣的學習順序更容易融會貫通。就這層意義來看，先學國中數學（具體實例較多）→再學高中數學（通則化的內容較多），採取這樣的順序來學習比較恰當。

●瑪莉的memo

➔就算不一一背誦$(a+b)^2$和$(a+b)^3$的展開式，只要理解通則化以後的$(a+b)^n$的展開式，就能一石n鳥。

➔所謂「通則化」，就是找出共同的定律。就像把多個點連成圓般的擴大理解概念。

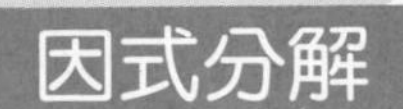

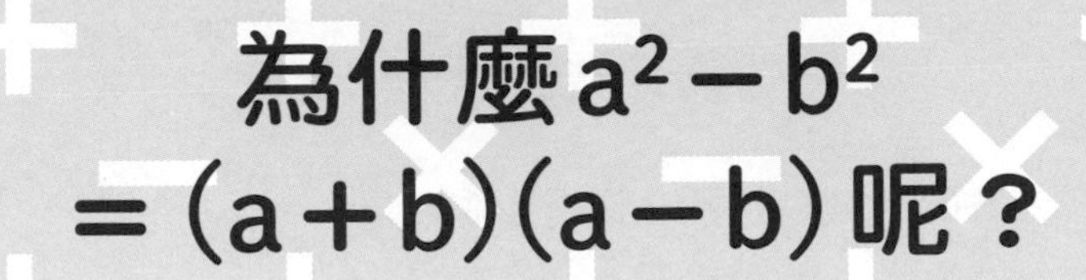

什麼是因式分解？

學習展開式後，我們來思考看看「因式分解」吧！

因式分解……那是什麼來著？

所謂的**因式分解，就是把公式「分解成更簡單的乘法運算式」**。例如以下這一則公式。

$$a^2-b^2=(a+b)(a-b)$$

這一則公式，是把a^2-b^2寫成$(a+b)\times(a-b)$的乘法運算形式，這就叫做因式分解。

啊～……我想起來了。因式分解也有好多公式，我以前花了很大力氣也記不太住（汗）。

證明因式分解的公式

因式分解的公式是規則？還是事實？

是事實。因為是事實，所以我們來證明看看。

不過，其實只要理解展開式就很簡單。

展開式和因式分解有關係喔？

我想證明的因式分解公式：

$$a^2 - b^2 = (a + b)(a - b)$$

把左邊和右邊互相交換後，

$$(a + b)(a - b) = a^2 - b^2 (*)$$

咦？這不就是剛剛學過的「展開式」的公式嗎？

是的。事實上，**因式分解就是展開式的「相反」**。
展開式的公式（*）已經在上一節內容證明過了，所以把左邊和右邊交換，以下的因式分解公式當然也就成立了。

$$a^2 - b^2 = (a + b)(a - b)$$

展開式與因式分解

我終於理解展開式和因式分解「相反」是怎麼回事了！
但是，公式還是很多，真的好難……（哭）。

展開式和因式分解公式並不是「個別的公式」，而是當作「同一個公式」來記憶。

$(a + b)(a - b) \to a^2 - b^2$是「展開式」
$a^2 - b^2 \to (a + b)(a - b)$是「因式分解」

因此，只要記住「$(a + b)(a - b)$等於$a^2 - b^2$」就可以了。

● 展開公式：$(a+b)(a-b)=a^2-b^2$

● 因式分解公式：$a^2-b^2=(a+b)(a-b)$

這兩則公式不需要分開來死背耶～。

是的。一點也沒錯。

其他公式也一樣，把展開式和因式分解當作成對的「一則公式」來記憶就對了。

展開式和因式分解公式

$x^2+(a+b)x+ab$ 等於 $(x+a)(x+b)$

$x^2+2xy+y^2$ 等於 $(x+y)^2$

x^2-y^2 等於 $(x+y)(x-y)$

$acx^2+(ad+bc)x+bd$ 等於 $(ax+b)(cx+d)$

原來如此！

只要記住它們是一體兩面就對了是嗎？

……不過，記住展開式或因式分解有什麼功用嗎？

很多情況都可以用上展開式或因式分解。

簡單應用好比說，

$a^2 - b^2 = (a - b)(a + b)$

我們如果運用這則公式，就可以更輕鬆計算 98×102。

$$
\begin{aligned}
&98 \times 102 \\
&= (100 - 2) \times (100 + 2) \\
&= 100^2 - 2^2 \\
&= 10000 - 4 \\
&= 9996
\end{aligned}
$$

原來如此～！這樣比用筆計算 98×102 更輕鬆耶！
使用展開式竟然可以更輕鬆進行乘法運算，真令我大吃一驚！

●瑪莉的memo

- **→因式分解是展開式的相反。**
- **→理解展開式及因式分解時，不是把它們當作個別的公式，而是「同一個等式」！**

因式分解的「通則」

因式分解
也能建立通則嗎？

為因式分解建立通則

剛剛我們根據 $(a+b)^2$ 及 $(a+b)^3$ 的展開式而建立出通則，思考有關 $(a+b)^n$ 的展開式。

所謂的「通則」，是指針對兩個以上的研究目標，找出共通定律或特性對吧？

是的，我們試著為因式分解公式 $a^2-b^2=(a+b)(a-b)$ 建立通則吧！

要如何建立通則呢？

就和展開式一樣，想一想變成「n 次方」的情況。

首先，先從二次方來推演較簡單的三次方。

剛剛我們做了 a^2-b^2 的二次方因式分解，三次方則會是下面的狀況。

$$a^3 - b^3$$
$$= (a - b)(a^2 + ab + b^2)$$

變得比二次方更複雜了……（汗）。

二次方的展開式是 $(a - b)(a + b)$
三次方的展開式則是 $(a - b)(a^2 + ab + b^2)$
仔細看這兩條公式，妳會發現兩者都乘了 $(a - b)$。

真的耶！

對數學敏銳的人看到這兩條公式時，或許就會開始想到「是不是乘以 n 次方也會出現 $(a - b)$」，發現其中的共通特性。

這已經進入外星人世界了吧……（汗）。

這其實是高中數學的範圍，先在這裡稍作介紹。
n 次方能夠得出如下列的因式分解。

$$a^n - b^n = (a - b)(a^{n-1} + a^{n-2}b + \cdots + ab^{n-2} + b^{n-1})$$

哇！$(a - b)$確實有出現了，可是感覺好難……。

第二個括號$(a^{n-1} + a^{n-2}b + \cdots + ab^{n-2} + b^{n-1})$其實是「從$a^{n-1}$依次減去一個a，並增加一個b」。

例如，把n代入具體數字，以$n = 5$來計算就會很容易了解。

$$a^5 - b^5 = (a - b)(a^4 + a^3b + a^2b^2 + ab^3 + b^4)$$

原來如此……。

這麼一來，就和展開式相同，不需要一一死背個別的公式，只需記住n的情況，然後就可以依「二次方就是$n = 2$」「三次方就是$n = 3$」來記憶是嗎？

當然因為這是經常使用的公式，所以分別記住$n = 2$及$n = 3$的情況也沒關係。不過，若是能建立通則不是很有趣嗎？順帶一提，$a^n - b^n$還能進一步進行因式分解。

四次方的情況，不僅可以寫成

$$a^4 - b^4 = (a - b)(a^3 + a^2b + ab^2 + b^3)$$

還可以進一步進行如下列的因式分解。

$$a^4 - b^4 = (a - b)(a + b)(a^2 + b^2)$$

六次方的情況，則是如下：

$$a^6 - b^6 = (a - b)(a + b)(a^2 + ab + b^2)(a^2 - ab + b^2)$$

詳細內容可以用關鍵字「分圓多項式」查詢看看。

⊕ 因式分解比較難

因式分解真是太深奧了呢……。對了！展開式就是「只要運用分配律努力去解，就能解開任何問題」，因式分解又是如何呢？應該也是萬能的解開方式對吧？

很遺憾，因式分解並非「任何問題都能使用的單純方法」。

您的意思是「展開式和因式分解是成對的」，但因式分解比較難是嗎？

沒錯。事實上數學經常有某個運算方式雖然簡單，反向運算卻很困難的情況。例如高中數學所學的微分雖然簡單，反過來的積分卻很困難。在算術課程時我曾說過的質因數分解也是相同的，質數的乘法運算很容易理解，質因數分解難度卻大增。

原來如此……。這就和「要破壞拼圖雖然簡單，要拼出來卻很難」是類似的情況吧？

● 瑪莉的memo

→因式分解也可以建立通則，有n次方的因式分解公式。

→即使某個運算方式簡單，反向運算卻未必一樣簡單。

根號

為什麼$\sqrt{3}$≒1.732呢？

什麼是根號？

接著我們來談談「根號」。

「根號」，就是像「$\sqrt{3}$」這種數字對吧？
突然變這麼難……。

的確，每當出現新的符號，乍看之下都會覺得很難，但其實定義很單純。

根號的規則

假設a是正數。$\sqrt{a}$就表示2次方會變成a，且為正數的數字（$\sqrt{a}$讀作「根號a」）。

舉例來說，就是「$\sqrt{3}$＝2次方會變成3的數字」對吧？

可惜錯了。嚴格來說，$\sqrt{3}$是「2次方會變成3的數字當中的正數（非負數）」。

什麼～？每次都要加上「當中的正數」這個說明嗎？
還真是有點麻煩呢（汗）。

這是必要的。舉例來說，我們以$\sqrt{9}$來想想看，寫成$\sqrt{9}$時，就是「2次方會變成9的數字當中的正數」，妳知道同一數字相乘會變成9的數字嗎？

嗯……啊！ 3×3等於9，所以是3對吧？

確實沒錯，不過妳還漏了一個，「$(-3)\times(-3)=9$」。

啊！因為「負負得正」……。

是的。「根號9」因為指的是正數，所以「根號9等於3」，算式寫成$\sqrt{9}=3$。

原來如此。不會是「$\sqrt{9}$等於3和-3」是吧？

是的，只有3是正確答案。

順便一提，因為「平方根」指的是正數和負數，所以「9的平方根是3和－3」。

對了！我現在懂$\sqrt{9}=3$，但$\sqrt{3}$又是怎麼回事呢？同一數字相乘變成3的數字，這有可能嗎？

妳提了一個好問題！我們先寫成□×□＝3，然後找出□是什麼數字。

1×1＝1；2×2＝4，所以我覺得並沒有□這樣的數字。同一個數字相乘後變成3的數字，九九乘法表裡面沒有吧？

的確沒錯。這是因為「2次方變成3的數字」並不是整數。

事實上，3的平方根是小數。

也就是「1.732…」和「－1.732…」這兩個數字，而其中的正數才是「$\sqrt{3}$」。

真是不可思議的數字……。

⊕ 為什麼$\sqrt{3}$是1.732…呢？

根號的規則我已經懂了。

不過，「$\sqrt{3}=1.732\cdots$」這是事實嗎？

事實上，把1.7320508乘2次時，

$1.7320508 \times 1.7320508 = 2.99999997378$，

差不多接近3的關係，所以$\sqrt{3} \fallingdotseq 1.7320508$。

原來如此！

我剛開始學根號時，根號2和根號3的數值，差不多可以記住三十位數（笑）。

老師不愧是百分之百的數學宅……（汗）。

$\sqrt{3} \fallingdotseq 1.7320508$應該也能證明吧？

不可能。**「≒」的意思是幾乎相等，在數學的世界不夠嚴謹。**

不夠嚴謹？

是的。例如看到$1.7 \fallingdotseq 1.73$這個式子，有人認為「的確很接近」，但可能也有人認為「還差了0.03耶」。

這麼一說似乎有點道理……。

在數學的領域中，曖昧的論述不能稱為事實（定理），也無法證明。

所以，$\sqrt{3} \fallingdotseq 1.7320508$ 因為不是事實，因此無法證明……？

的確如此。不過，若是寫成不等式，就能證明。

例如：

$$1.732<\sqrt{3}<1.733$$

寫成這樣的算式，就可以證明。

意思是根號3比1.732大，但比1.733小的式子嗎？

對，如果是這個論述就很嚴謹，不會發生因人而異的詮釋。

那麼要如何證明呢？

努力計算一下，$1.732 \times 1.732 = 2.999824$。

也就是說，乘2次會變成3的數字比1.732稍微大一點點，也就是$1.732 < \sqrt{3}$。同樣的，

$1.733 \times 1.733 = 3.003289$。

也就是$\sqrt{3} < 1.733$對吧？

沒錯。如果是曖昧的論述無法證明，但是$1.732 < \sqrt{3} < 1.733$就可以輕易證明。

⊕ 根號的通則

接著，剛剛說乘以兩次變成a的數字是「a的平方根」，我們來想想如何建立通則。

根號的通則？這是什麼意思呢？

把2次變成n次的通則。也就是說，想一想**「乘以n次後變成該數值的數字」**。

n次方根的規則

乘以n次後變成a的數字，稱為a的n次方根。

例如，8的3次方根是多少呢？

乘以3次會變成8的數字對吧？□ × □ × □ = 8，□是……是2對吧？

正確答案。
乘以3次變成8的實數，只有2，我們會寫成$\sqrt[3]{8}=2$。

所乘次數n，不是寫在右上，而是寫在左上呢！

是的。的確如此。雖然立方根、n次方根是高中數學的範圍，不過只要國中數學學習的根號能夠理解，就不會很難喔。

是因為「高中數學＝國中數學的通則」嗎？

是的。也可以反過來說「國中數學＝高中數學的特例」。

對了，立方根實際上會運用在什麼情況？

舉生活中的例子來說，例如下面的狀況。

- 面積為2的正方形邊長為$\sqrt{2}$
- 體積為2的立方體邊長為$\sqrt[3]{2}$

好厲害……立刻舉出在哪裡派得上用場呢（汗）！

瑪莉的memo

➔所謂的根號a，是指乘2次後變成a的數字當中的正數。

➔國中數學與高中數學之間的關係是「國中數學＝高中數學的特例」。

為什麼 $a^2 \times a^3 = a^5$ 呢？

什麼是指數定律？

接著我們來想想看有關「指數定律」？

指數定律？

首先，我們先複習一下基本觀念。
2^3 是多少呢？

右上小字代表乘的次數對吧？
是 $2 \times 2 \times 2 = 8$ 對吧？

沒錯。指數的規則如下：

指數的規則

所謂 a^n，就是「把a乘n次的數字」。
（但a必須是大於0的數字，n為1以上的整數）。

以下就根據指數的規則來說明指數定律。

指數定律

$a^m \times a^n = a^{m+n}$

（但a必須是大於0的數字，m及n為1以上的整數）。

文字一多就覺得好難……（汗）。

難以理解時，不妨代入具體數字來思考。

假設$a = 2$，$m = 2$，$n = 3$，算式則變成$2^2 \times 2^3 = 2^5$。

我確認一下，左邊是$2^2 \times 2^3 = 4 \times 8 = 32$，

右邊是$2^5 = 2 \times 2 \times 2 \times 2 \times 2 = 32$。得出相同的數字耶。

就是如此。

不論a、m、n的數字多少，$a^m \times a^n = a^{m+n}$都會成立，這就是指數定律。

指數定律屬於規則嗎？還是事實呢？

是事實，所以能運用指數規則輕易證明出來。

證明指數定律

老師，拜託您證明給我看!!

那麼，以下就證明$a^m \times a^n = a^{m+n}$。

$a^m \times a^n$
＝「a乘m次的結果」×「a乘n次的結果」
＝「a乘(m＋n)次的結果」
$= a^{m+n}$

簡單來說，「m次乘法」和「n次乘法」的乘法運算，
就是「(m＋n)次的乘法運算」。

這麼一想就變得很單純耶。
但……這有什麼實際幫助呢？

比方說，要乘上多次的乘法運算就會變得很簡單。
例如，我們來計算「3^{16}」的結果。

咦？

3^{16} ……所以3要乘16次……。

2次：$3\times3=9$

3次：$9\times3=27$

4次：$27\times3=81$

5次：$81\times3=243$

6次：$243\times3=729$

……老師，這個計算方式太累了吧！

對啊。3^{16}必須乘16次來計算，所以相當麻煩對吧。

因此我們可以運用剛剛的指數定律來計算。

巧妙運用指數定律，剛剛的算式可以像下列這樣，以四次乘法運算得到答案。

$3^2=9$

$3^4=3^2\times3^2=9\times9=81$

$3^8=3^4\times3^4=81\times81=6561$

$3^{16}=3^8\times3^8=6561\times6561=43046721$

妳看！這不就變得很輕鬆了嗎？

只需四次就能計算出來，真的太方便了！

其實，有件事對我來說印象極其深刻。小學時我曾經和同班同學比賽誰計算2的20次方比較快，結果同學就是用這個方法快速計算出來。

當時我呆呆地一個一個去乘，所以輸得很徹底（笑）。

您讀的小學程度還真高啊⋯⋯（汗）。

⊕ 思考指數定律的通則

那麼，瑪莉，我們接下來就來想想指數和指數定律的通則吧！

什麼？這也有通則嗎？

剛剛說過，n是正整數時，「2^n」就是「把2乘n次」。

是的，這是指數的規則對吧？

這豈不是令人好奇如果n不是正整數時，2^n會變成怎樣呢？我們先想想看$n = 0$會怎麼樣吧？

也就是2^0嗎？我不太懂乘0次是什麼意思。

其實，對於正數a，一般的定義是「$a^0=1$」。

什麼？您是說$2^0=1$？

是的，數學規定了這樣的規則。

好奇怪……。這是為什麼呢？

因為這麼一來，「指數定律能在更廣泛的範圍應用更方便」。

指數定律能在更廣泛的範圍應用？

是的，指數定律是：

$$a^m \times a^n = a^{m+n}$$

（但a必須是大於0的數字，m及n為1以上的整數）

為了讓m及n在0的情況下也能成立，所以規定a^0的數值。

如果m或n等於0時會怎麼樣？

我們實際代入$n=0$想想看會怎麼樣吧？

依照指數定律，算式寫成$a^m \times a^0 = a^{m+0}$。

因為右邊是$a^{m+0} = a^m$，所以算式如下：

$$a^m \times a^0 = a^m$$

這條公式變成$a^0 = 1$就可以成立不是嗎？

的確。如果$a^0 = 1$，就能得出$a^m \times a^0 = a^m$。

但是，指數定律以$n=0$來成立，就很方便嗎？

至少，比起「指數定律以$n=0$就不成立」的狀況方便多了。

這裡雖然無法一一說明，不過，規定「$a^0 = 1$」之後，後續有許多方便的情況。

當然，也不是不能宣稱「我要定義成$a^0 = 0$」的獨特規則，但我不建議這麼做。

原來如此……。

數學就是可以像這樣，有時候可以**「根據較狹隘範圍成立的事實為基礎，制定讓該事實在更廣闊的範圍成立的規則」**。

那麼，如果指數是0.5時會怎麼樣呢？

例如$3^{0.5}$這種情況嗎？

乘0.5次是什麼狀況啊？

要以「乘0.5次」的意義來理解果然還是很吃力。

使用指數定律來制定規則吧！

運用指數定律$m = n = 0.5$的話，算式如下：

$$a^{0.5} \times a^{0.5} = a^1$$

例如$3^{0.5}$乘2次，答案是3的情況對吧？

正是這樣。

乘2次變成a的數字，也就是定義成$a^{0.5} = \sqrt{a}$。

變成根號了耶！

是的。更詳細的規則及應用方法就等高中數學或大學數學再研究了。

●瑪莉的memo

→「$a^m \times a^n = a^{m+n}$」的指數定律，能證明m和n是正整數時的情況。

→「較狹隘範圍成立的指數定律，制定在更廣泛的範圍成立的規則」，基於這個重要的想法而制定出a^0或$a^{0.5}$。

第 2 章

方程式與函數

方程式的移項

為什麼運算符號換邊就會改變呢？

方程式的移項是什麼？

本章我們來想一想方程式和函數。

終於要正式面對數學課程了……。

首先是方程式。

方程式是什麼來著……？

對於包含變數的等式，求出「當變數是哪個值時可以成立」，這就稱為「解方程式」。

感覺好難……（汗）！

例如，我們來想想看「$3x = 2x + 4$」這個方程式。
這個方程式會在 x 為什麼數值時成立呢？

嗯……這是要找出「x乘以3倍的數值」和「x乘以2倍再加4的數值」相等時的x是多少……。我記得這種情況，要把有x的部分移到左邊是嗎？

沒錯。等式可以「改變某項的符號（加號和減號），移到相反的一邊」。這個做法稱為移項。例如「$3x = 2x + 4$」這條算式如果把2x移項，就會得到下列結果：

$$3x = 2x + 4$$
$$\downarrow$$
$$3x - 2x = 4$$

也就是說，$x = 4$是這條方程式的答案對吧？

是的，具體代入「$x = 4$」，原本的方程式左邊和右邊就是相同的結果。

- 左邊：3x（x乘以3倍的數值）為12
- 右邊：2x（x乘以2倍的數值加4的數值）也是12

原來如此。對了，計算時把2x移到左邊時，
會變成負數，寫成－2x。
這是為什麼呢？

這正是我這次要講的重點。
為什麼可以「改變符號移到相反的一邊」呢？

我只記得老師這麼教，但不太清楚為什麼？

那麼，我們就來證明「改變符號移到相反的一邊也可以」的移項正不正確。

移項的正確性？這究竟要怎麼證明呢？

首先，我們用剛剛的例子來想想看。
換句話說就是證明以下的事實。

移項的事實

「滿足原來等式$3x = 2x + 4$中的x」，和「滿足移項後的等式$3x - 2x = 4$中的x」結果相同。

也就是「不論用哪一邊的算式求出來的x都相同」是吧？

是的，我們先試著證明看看。

首先當x滿足原本的等式「$3x = 2x + 4$」時，

等式的性質：「若$A = B$則$A - C = B - C$」

把$C = 2x$套用進去時，

$$3x - 2x = 2x + 4 - 2x$$

也能滿足這個算式。

右邊的2x和−2x互相抵消會變成0。

是的。也就是說，若x滿足原本的等式，就會得出下列算式：

$3x - 2x = 4$

所以我們知道x也能滿足移項後的等式，

同時也要反過來確認看看。

x必須滿足「移項後的等式」$3x - 2x = 4$時，

等式的性質「若$A = B$則$A + C = B + C$」，把$C = 2x$套用進去時，

$3x - 2x + 2x = 4 + 2x$

也就是說，能如同以下的算式，滿足「原本的等式」。

$3x = 2x + 4$

呃……老師您剛剛說這樣可以明白什麼事情？

以下兩件事。

- 如果x滿足「原本的等式」，就能滿足「移項後的等式」
- 如果x滿足「移項後的等式」，就能滿足「原本的等式」

也就是說，**「求滿足原等式的x」和「求滿足移項後等式的x」，其實是相同的題目**。

意思是解「$3x = 2x + 4$」這道題目，和解「$3x - 2x = 4$」的題目是相同的！

正是如此。這次我先以具體實例說明，不過，任何情況只要能移項就能以同樣方式來證明。

移項只要「使用結果」就OK

覺得移項好像使用過好幾次，每一次都必須像這樣去證明嗎？

移項使用頻率確實很高，但並不需要每次都加以證明。每次都要一一證明的話，連解簡單的方程式都會花太多時間。

是的，真的很花時間……。

因此，平時只需記住「改變符號來移動也可以」的事實去計算就好了。

咦？所以只需要死背結果就可以嗎？

是「理解結構後再背起來」。

我在第1章也說明過，**「如果先理解了結構（證明），之後只需記住結果就好了」**。如果不理解結構就死背結果來計算，這種死背數學的方法無法靈活運用，但反過來說，要是「每一次都必須一一寫出結構」，這也很辛苦。

意思是理解結構和背誦兩者同樣重要對吧！

● 瑪莉的memo

➔所謂移項就是改變項目符號後移到另一邊。移項的正確性能夠證明。

➔「理解結構」和「背誦」兩者都重要。

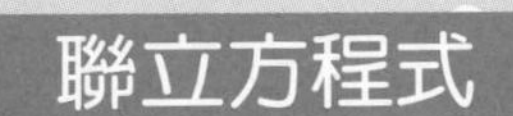

什麼是聯立方程式？

⊕ 所謂的聯立方程式是？

複習了簡單的方程式後，我們再來想一想聯立方程式的問題。

哇！來了！聯立方程式！
國中時，聯立方程式真的學得好辛苦……（哭）。

不過，妳都已經好好地複習到這裡了，相信妳一定可以很快理解喔。
首先看看以下的聯立方程式。

$$-x+y=2$$
$$3x+2y=9$$

像這樣找出能滿足兩則算式中的(x,y)，這樣的過程稱為「解聯立方程式」。

因為出現兩則算式，變得好複雜～（哭）。

這個聯立方程式比較容易解開。

首先，把上面算式中的$-x$進行移項。

$-x+y=2$

$\rightarrow y=2+x$

把這個結果套用在下列算式的y，這麼一來，就成了y在算式中消失，只剩x的方程式。

在$3x+2y=9$的方程式中，$y=2+x$，所以

$3x+2(2+x)=9$

$3x+4+2x=9$

$3x+2x+4=9$

這裡再把$+4$進行移項，

$3x+2x=9-4$

$5x=5$

兩邊都除以5，得到

$x = 1$

這樣就求出x的數值了耶！

接著再求y值。

$x = 1$，所以

$y = 2 + x = 2 + 1 = 3$

也就是

$y = 3$

換句話說，可以得出$(x,y) = (1,3)$。

……這就是答案嗎？

是的。

我們可以套用到原來的方程式看看。

當 $(x,y)=(1,3)$ 時，

$-x+y=-1+3=2$

$3x+2y=3\times1+2\times3=9$

原來的兩則方程式真的成立了耶！

是的。

剛剛的一次方程式使用了很多次移項。

像這樣解應用問題（聯立方程式）時，理解基礎（一次方程式）是不可或缺的。

不一定只有唯一的正解

聯立方程式，已經講解完畢了是吧！

聯立方程式有許多形式，所以必須注意。

比方說，有些聯立方程式有無限多組解。

什麼？

「無限多組解」？這是什麼意思？

我們先看以下的聯立方程式。

$$-x + y = 2$$
$$3x - 3y = -6$$

這應該和剛剛是相同解法對吧？

在上面的方程式進行移項，把 $y = 2 + x$ 代入下面的方程式，

$$3x - 3(2 + x) = -6$$
$$3x - 6 - 3x = -6$$
$$-6 = -6$$
$$0 = 0$$

咦……？怎麼跑出奇怪的結果……（汗）。

出現 $0 = 0$ 這個不可思議的算式呢！

這究竟是怎麼回事……？

這就是**「當上面的方程式 $y = 2 + x$ 成立時，下面的方程式必定成立」**。

也就是說，這組聯立方程式，上下都相同的意思嗎？

是的，就某個意義來說是相同的等式。

事實上，上面的方程式$-x+y=2$乘以-3倍，

會變成$3x-3y=-6$，因而得到下面的方程式。

哇～！確實沒錯！

那麼這個問題的答案究竟會變怎樣呢？

因為「上面的方程式$-x+y=2$成立時，下面的方程式也必定成立」，也就是說**「滿足上面方程式的(x,y)全部都是正解」**。

哇！滿足上面方程式(x,y)全部是正解的意思，也就是$(x,y)=(1,3)$、$(2,4)$、$(3.14,5.14)$這些都是正確答案對嗎？

是的，它們全都可以滿足這兩個方程式。也就是說，**這組聯立方程式的解答有無限個**。

我不記得國中曾經學過這類的問題……。

教科書的問題通常為了方便，舉出的是只有一個答案的例題。

但其實聯立方程式也有像這樣有著無限解的情況。

⊕ 也有無解的聯立方程式

我還以為聯立方程式絕對只有一個答案……。

解答未必只有一個。

反過來說，也有**「無解的聯立方程式」**。

什麼？竟然還有無解的聯立方程式？

例如以下這組方程式。

$$x + y = 1$$
$$x + y = 2$$

滿足這組方程式的(x,y)並不存在。

嗯……。

的確。既要讓 $x + y = 1$，又要讓 $x + y = 2$，怎麼想都不可能吧……？

是的，答案正是「不存在這樣的(x,y)」。

這樣也能叫做聯立方程式嗎？

是的。凡是求出滿足多個關係式中變數值的問題，都稱為聯立方程式。解答產生「無限個解」或「無解」都是理所當然。

順帶一提，這裡說明雖然都是兩個式子的聯立方程式，不過，大學數學研究的內容包括n個式子的聯立方程式。

這就要用上通則對吧！ n個式子的聯立方程式也能解開嗎？

根據方程式的形式而不同，類似$x+2y+3z=4$這樣的一次方程式，即使有很多式子也能解開。

大學的「線性代數」單元時，會詳細說明。

聯立方程式直到大學數學都還有關聯啊……。

●瑪莉的memo

→聯立方程式未必只有一個解答。有無限解的情況，也有無解的情況。

→解應用問題（聯立方程式）時，絕對必須先理解基礎（一次方程式）。

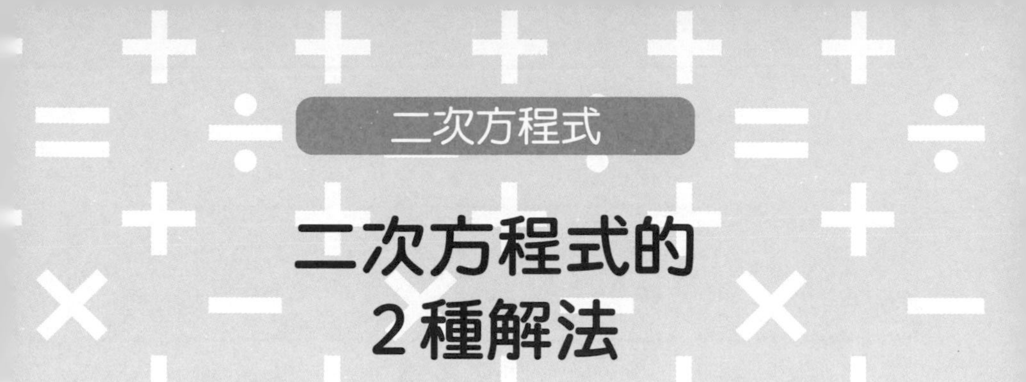

二次方程式的 2種解法

什麼是二次方程式？

第2章一開始，我們學習了像$3x = 2x + 4$這類簡單的一次方程式。

接著我們學到增加「方程式的數量」時，稱為聯立方程式。

接下來，我們來看看增加「次數（乘以變數的次數）」會怎麼樣？

乘以變數的次數？

是的。例如方程式中含有x^2這樣的二次方程式。

二次方程式……（汗）。方程式真的是我學習的陰影，希望Masuo老師能講解得淺顯易懂一些。

看來真的成了妳的學習陰影呢（笑）！

先忘掉那些沉重的過去，解開以下的方程式吧！

$$x^2 + 4x + 3 = 0$$

呃，這該怎麼做才好呢（汗）？

以因式分解來解開二次方程式

首先，在方程式$x^2 + 4x + 3 = 0$中，左邊運用因式分解。我們要運用前面在因式分解介紹的下列公式。

$$x^2 + (a + b)x + ab = (x + a)(x + b)$$

和公式比較的話，就是$a + b = 4$，$ab = 3$的意思對吧？

是的。找出相加變成4，相乘變成3的a、b是什麼數字。

相乘變成3的話，是1和3吧？這兩個數字相加正好是4。

沒錯。

$a = 1$，$b = 3$時就能因式分解。

$$x^2 + 4x + 3 = (x + 1)(x + 3)$$

也就是說，原本的方程式能變形為 $(x + 1)(x + 3) = 0$。

呃……這麼一來……？

兩個數字相乘而結果是0的話，只需其中一個數字是0就對了。

也就是說，這個情況下，是 $x + 1 = 0$ 或是 $x + 3 = 0$。

這麼一來，可以知道 $x = -1$ 或 $x = -3$。

是的，答案就是 $x = -1$，$x = -3$。

實際上不論是代入 $x = -1$，或是代入 $x = -3$。原本的方程式都成立。

嗯……。

$x = -1$時，得到

$x^2 + 4x + 3 = 1 - 4 + 3 = 0$

$x = -3$時，得到

$x^2 + 4x + 3 = 9 - 12 + 3 = 0$

……真的都得到0的答案耶！

像這樣使用因式分解，能解開二次方程式。

稍微補充一下。

這裡運用的是「相乘變成0時，其中必有一個數字為0」的性質，不過在大學數學學習矩陣時，也有「相乘為0，但兩者皆不是0」的例子。這裡就不深入探討了。

老師不要嚇我啦（笑）！

我還以為又要出現什麼艱難的話題，超緊張的……。

以配方法解二次方程式

二次方程式的說明，已經大功告成了吧？

不。事實上，二次方程式有時候沒辦法像這樣完全因式分解。例如以下的二次方程式。

$$x^2 + 4x + 1 = 0$$

這個方程式，要符合「相乘結果為1，相加結果為4」條件的兩個整數似乎並不存在。

嗯……相乘是1的整數，除了1乘1，還有－1乘－1，但同時要符合相加後變成4的話，應該不可能吧……。

也就是說，這個情況下不可能找到兩個整數來進行因式分解。

什麼～？如果無法使用因式分解，那要怎麼樣才能計算出解答呢？

當整數範圍內無法因式分解時，雖然有點麻煩，但可以運用「配方法」來解題。

$$x^2+4x+1=0$$

$$x^2+4x+4-4+1=0$$ （先加4再減4）

$$(x^2+4x+4)-3=0$$

$$(x+2)^2-3=0$$ （括號內進行因式分解）

$$(x+2)^2=3$$

$$x+2=\pm\sqrt{3}$$ （乘2次變成3的數字有$\sqrt{3}$和$-\sqrt{3}$這兩個）

$$x=-2\pm\sqrt{3}$$

雖然有點難，但仔細地一行一行看下來就能了解。

確實如此。運用的都是前面學過的「因式分解」、「移項」、「根號」。

如果能理解這些變化，就表示前面說明的內容妳都確實懂了。

太好了！我總算懂了呢！

哪個方法比較好？

雖然配方法有點麻煩，但是任何二次方程式都能成功解開。

那麼，二次方程式的解法就決定用配方法是嗎？

不論因式分解或配方法，我們最好都要理解比較好。

●因式分解

只能用在特別的情況，但只要熟練就是聰明的方法

●配方法

雖然稍微麻煩，但任何情況都能派上用場

各有優缺點呢。

我覺得日常生活中解決問題的方法，也有像這樣分為「有時會失敗卻是聰明的方法」及「雖然繁瑣一點但適用於任何情況的方法」。

我希望儘可能使用聰明的方法！

我個人則是認為必須區分情況再決定用哪個方法比較麻煩，所以喜歡「雖然繁瑣一點但適用於任何情況的方法」。這沒有對錯，完全是看個人喜好。

⊕ 三次以上的方程式呢？

這麼一來，我們已學會解一次方程式、二次方程式。

照這個情況看來，妳應該也可以學會解三次方程式甚至四次方程式吧！

真是這樣就好了……（笑）。

接下來是要說明「通則」的狀況嗎？

熱愛數學的人，在這個階段自然而然就會思考n次方程式是什麼情況。

n次方程式……。

例如像下列出現x的3次方的算式，就是三次方程式。

$$x^3 + 3x^2 + x + 1 = 0$$

這樣的方程式真的能解開嗎？

其實這個真的很難。

必須用到複數及立方根。

老師！拜託您教「國中數學」範圍就好了……（汗）。

二次方程式還很簡單，三次方程式當然難囉！

也不一定全是這樣。

妳看下面這個方程式。

$$x^3 + x^2 = 0$$

啊。這個我好像懂！

以 $x = 0$ 代入，好像就對了，是嗎？

運用因式分解，變成 $x^2(x + 1) = 0$，

所以解答是 $x = -1$ 以及 $x = 0$。

原來如此！

三次方程式應該很難，但這個卻能輕鬆解開！

是的，三次方程式中也有像這樣簡單的式子。

不要抱著先入為主的觀念，認為「三次方程式就一定很難」，勇於挑戰的心態也很重要。

原來如此～。

稍微岔題一下，拋開「東大入學考的試題一定很難」這種先入為主的觀念，勇於挑戰的心態同樣重要喔！

● 瑪莉的memo

- ➔**二次方程式的解法，有聰明的解決（因式分解）和必定能解開的方法（配方法）。**
- ➔**拋開「三次方程式就一定很難」或「東大入學考的試題一定很難」這種先入為主的觀念，勇於挑戰！**

什麼是「函數」?

什麼是「函數」?

方程式先在這裡告一段落，接下來我們來談談「函數」吧!

函數!已經進入「這真的在講數學!」的領域了呢。

我們先複習一下函數的規則。

函數規則

「當變數x值確定時，也會確定與x對應的變數y，而y是x的函數」。

有點難懂耶~(汗)。

舉例來說，我們可以想一想$y = 2x$的函數。

當x值確定時，就會確定這個算式中的y值是嗎？

是的。我們實際代入x值來確認一下。

當$x=0$時，$y=2\times0=0$

當$x=1$時，$y=2\times1=2$

當$x=2$時，$y=2\times2=4$

就像這樣，當x值一確定，對應的y值就跟著確定。這樣的對應關係就稱為函數。

我想起來了！

像剛剛的「$y=2x$」，能以$y=ax$來表現的「關係」，稱為比例關係。

這裡先將$y=ax$的函數關係稱為「比例」。

比例時常出現在我們的日常生活中。

比方說如下的實例。

日常生活中的比例關係實例

- 汽車在時速50公里而行駛x小時的移動距離以y公里表示，也就是$y = 50x$
- 1公克2元的沙拉，買x公克所需的金額以y元表示，也就是$y = 2x$
- 密度19.32g / cm^3的金塊，在xcm^3時的重量若為yg，也就是$y = 19.32x$

這麼一說，我們確實常用耶！

事實上，當我們說到「每～」、「平均～」這類詞彙時，其中必定有比例關係。當發現這些詞彙時，不妨想一想其中的比例概念。

⊕ 比例的通則

理解比例以後，接下來從通則觀點來想想看。

請不要講太難的內容喲……（汗）。

事實上，國中數學後半和高中數學所學的各種函數，可以通則化成「比例：$y = ax$」。

怎麼說呢？

例如學了比例之後，要學的是一次函數「$y = ax + b$」。
這部分我們等一下再確實說明。

$y = ax$，就是指$y = ax + b$的一次函數，而$b = 0$時成立

就像上面這樣。

原來如此。如果擴大範圍來看，可以說「比例」是特別的狀況對吧？

另外，在國中三年級時，將學習比$y = ax$再更加困難一點的$y = ax^2$的函數問題，稱為「二次的比例」。這部分也是之後再詳細說明。
還有，再更進一步擴大範圍則是在高中數學要學習的
$y = ax^2 + bx + c$的二次函數。
也就是說，**所謂的比例，就是「通向廣大函數世界的入口」**。

範圍真廣闊……。不過，可以說正因為如此，比例是最早學習的函數對吧？

「加法運算」也是函數的一種？

嗯……。比例的重要性我應該大致懂了。但函數感覺還是很難耶……（汗）。

沒這回事。

比方說，其實可以**把「加法運算」也視作函數的一種**喔！

什麼！ Masuo老師，您真愛說笑，這絕對不可能（笑）！

這是真的。

$y = x_1 + x_2$的函數就是「加法運算」。

咦？ $y = x_1 + x_2$是函數……？

是的。剛剛說過函數是「x值決定y值的關係」，代入數值的變數只有一個x。

不過，也有像「$y = x_1 + x_2$」這種代入數值的變數有兩個以上的函數。

意思是「x_1、x_2值決定y值」的關係也是函數？

正是如此。

「代入x_1和x_2這兩個數值，將產生y值的結果」。

原來代入的數值也不一定只有一個……。

是的。

例如$x_1 = 1$，$x_2 = 2$，

$y = x_1 + x_2$的函數，就是相加的結果$y = 3$。

加法運算也是函數嗎……。

啊！原來如此！

這改變了之前理解算術的角度耶！

像這樣，有多個代入的變數，有時也稱為「多變數函數」。

電子試算表也運用「函數」，輸入的變數有時也有好幾個。

說到電子試算表，我只用過「加總」和「平均」等功能，這的確是函數呢。

其他還有會出現多個計算結果的向量函數，或是代入多個複數的複變函數。

函數的種類還真多呢～！

瑪莉的memo

→所謂函數，就是「x值決定y值的對應關係」。

→函數種類非常多，可以運用在各種不同情況。比例就是函數的一種。

一次函數

為什麼 y = ax + b 的圖形是直線呢？

什麼是一次函數？

接著，談到比例的下一個階段，我們來想想看剛剛稍微談到的一次函數($y = ax + b$)。

說到一次函數，我記得以前曾經畫成圖形。

的確沒錯。

為了畫出圖形，必須先複習一下**「二元一次方程式的直角座標」**。

……二元一次方程式直角座標？

國中教過這個嗎？

就是把平面上的點以兩個數值來表現的方法。

例如(3,2)就是基準點的原點0，往右移動3個刻度，往上移動2個刻度而相交會的點。

圖4 直角座標圖

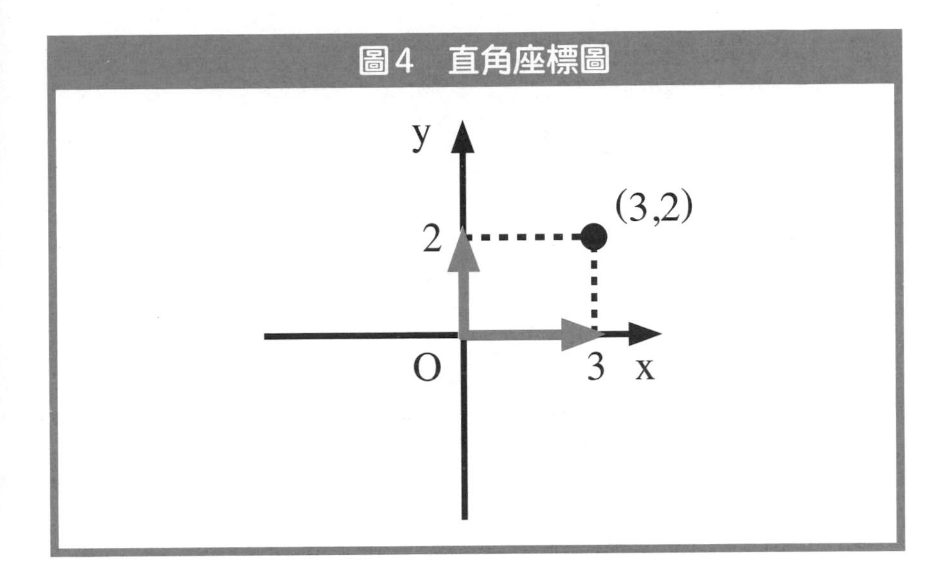

我們先思考看看一次函數$y=ax+b$的圖形。

例如「$y=2x-1$」的函數中，x值決定y值的關係如下：

當$x=0$，$y=2\times0-1=-1$

當$x=1$，$y=2\times1-1=1$

當$x=2$，$y=2\times2-1=3$

當$x=3$，$y=2\times3-1=5$

我們先畫出這4個點。

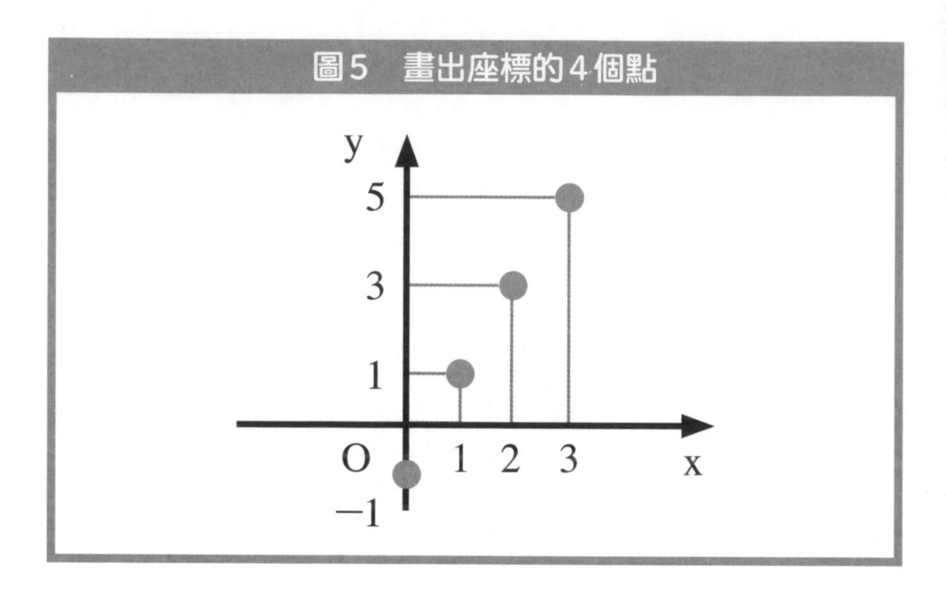

4點排成一直線。

是的。這個函數的圖形似乎會形成一直線。

老師，直接說是直線不就得了？

確實在國中時，老師可能會教學生「標示出大量的點，就會形成一直線」。

但嚴格來說，是否真的會成為一直線，需要證明。

這也需要證明嗎？

是的。剛剛雖然預測4個點好像會連成一直線，但我們並不能否定中間突然轉彎的可能性。
「因為似乎會成為直線，所以一次函數就是直線」，這樣似乎有點武斷。

這麼一說，好像也有道理……。

我查了一下，有些國家的教科書上有寫出證明。

原來我們國中的教科書唬弄我們嗎？

說「唬弄」有點太誇張了，但我認為能夠確實證明一次函數是直線的人並不多。趁著機會難得，我們來證明為什麼可以斷定一次函數是直線。

⊕ 證明一次函數的圖形就是直線

這裡先以 $y = 2x - 1$ 為例來證明圖形為直線。

x和y都是無限個，要怎麼證明呢？

我們先看 $A(0, -1)$ 和 $B(1,1)$ 這2個點。

是剛剛4個點當中的2個點，這2點都在$y = 2x - 1$的圖上。

是的。接下來我們要進入正題。

我們要證明「$y = 2x - 1$上的點」全部位於「通過A與B的直線」。

「$y = 2x - 1$上的點」用變數p表示，先寫成$P(p, 2p - 1)$。

為了更容易看懂，圖上先假設$p>1$。

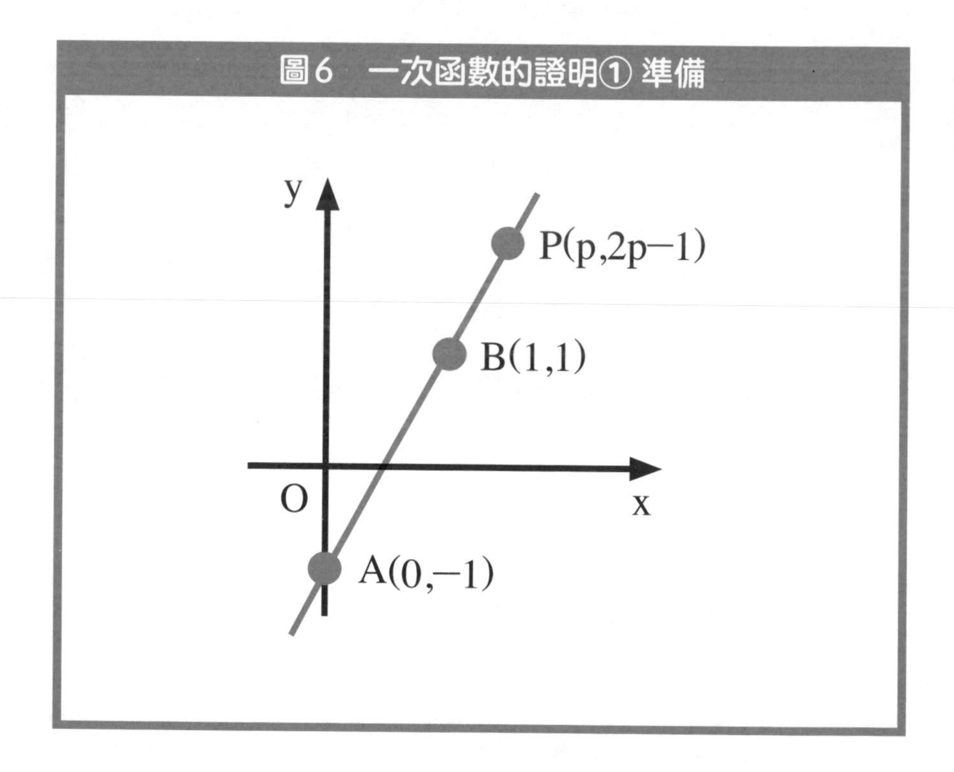

嗯，當x為p時，$y=2x-1=2p-1$對吧。
所以能夠證明P一直在藍色的直線上是嗎？

沒錯。就像以下這樣，我們加入新的點C和Q。

- C(1,-－1)：通過A點與x軸平行，與通過B點與y軸平行的2條直線交點。
- Q(p,－1)：通過A點與x軸平行，與通過P點與y軸平行的2條直線交點。

圖7　一次函數的證明② 中途

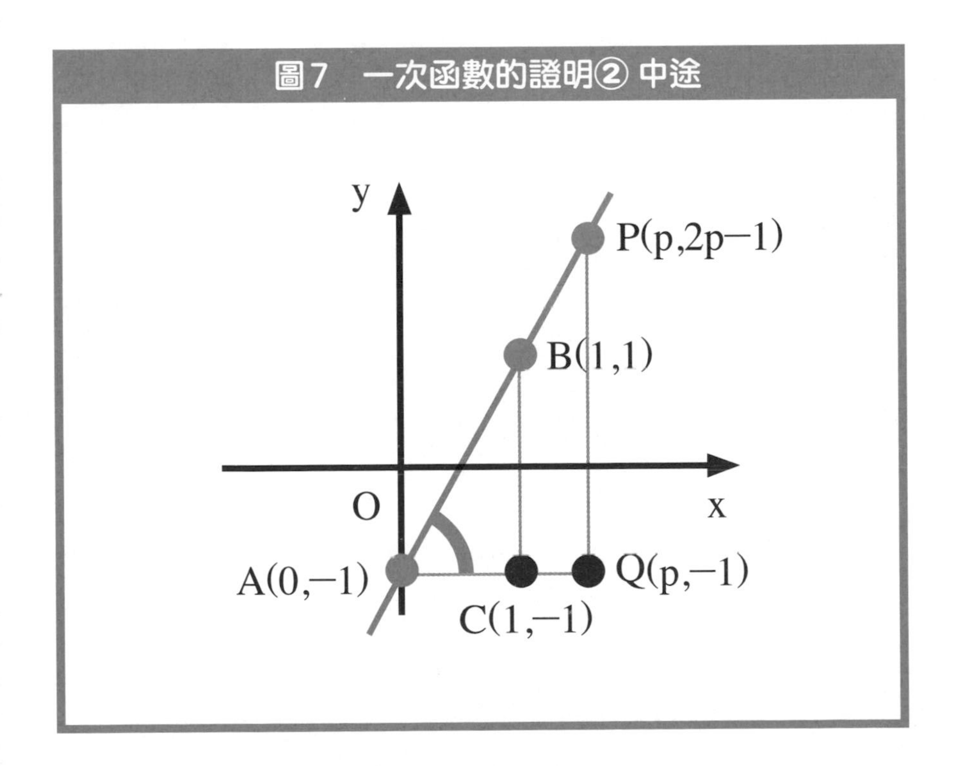

這裡我們注意看一下三角形ABC和三角形APQ。

什麼～!! 已經要開始講解圖形了嗎？

是的。我們要運用「三角形相似性質」來證明。

呃……相似？

我在下一章會說明詳細內容。粗略地說，「雖然大小不一樣，但形狀相同的兩個圖形」，就稱為相似形。

我想起來了！

回到證明。三角形ABC和三角形APQ其實是相似形。

這裡說的相似，就是指同樣的形狀對吧。

等一下我再說明為什麼會是相似形。因為相似＝相同形狀，所以∠CAB＝∠QAP。

換句話說，從通過A、C、Q三點的直線看到的角度相同，所以能夠得知A、B、P在同一直線上。

Masuo老師！我好像開始頭昏腦脹了（汗）。

我們整理一下剛剛的內容。

①我們要證明一次函數$y = 2x - 1$的圖形是直線。

②先在圖上取A、B兩點，只要證明圖上的任意點P在直線AB上就可以。

③也就是說，我們要證明A、B、P在同一直線上。

④思考C、Q這2個點，出現相似的2個三角形。之後會說明為什麼相似。

⑤相似→角度相等→A、B、P在同一直線上！

雖然有點難，我大概懂了！

也就是說，這麼一來就能證明一次函數$y = 2x - 1$是一直線對吧！

接下來我要說明④「三角形ABC和三角形APQ是相似形」的理由。。

這樣啊。要如何證明它們是相似形呢？

我要運用的數學事實是「2個對應邊成比例，且其夾角相等的2個三角形為相似形」。這也就是三角形的相似條件。

相似條件……我以前應該是死背下來的吧……。

第3章我會詳細解說什麼是相似條件。三角形ABC和三角形APQ如同下圖是相似形。

圖8　三角形 ABC 和三角形 APQ 為相似形

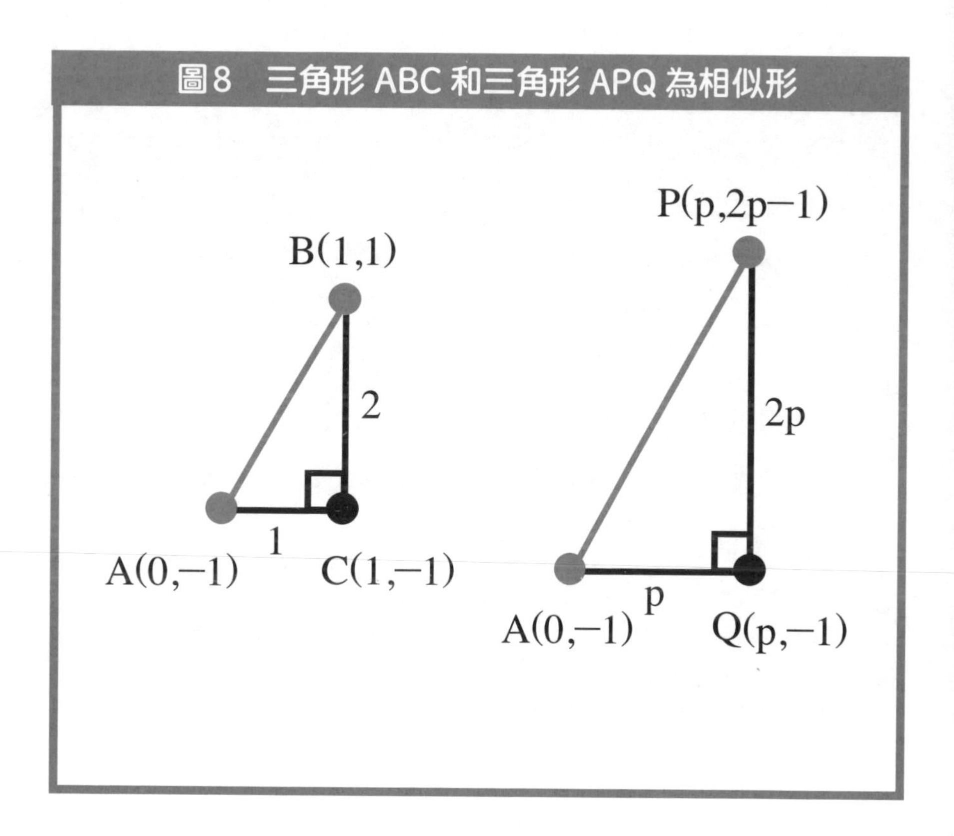

- 因為AC:AQ = 1:p，BC:PQ = 2:2p，所以AC:AQ = BC:PQ
- ∠BCA = ∠PQA = 90°

→ 2個對應邊成比例，且其夾角相等的2個三角形為相似形

前面我們證明過「y = 2x − 1的圖形是一直線」。
y = 2x − 1以外的一次函數也能以同樣方式證明。

雖然有點難，確實證明了它的圖形是直線。

⊕ 一次函數的重要性

最後再閒聊一下一次函數。
或許妳會覺得有點突然，就當作是理解複雜內容的熱身，有時候不妨先思考以下2個步驟。

A. 把複雜的內容先轉化成簡單好懂的內容
B. 確實搞清楚簡單好懂的內容

這和一次函數有什麼關係？

當然有關係。一次函數就是「簡單好懂的內容」。
也就是說，

A. 把所有難懂的函數先一部分轉化成一次函數
B. 確實搞清楚一次函數

分成2個步驟來思考，就能明白所有困難的函數性質。

聽起來好像很厲害……。
雖然我不是很了解A的意思……。

嗯……A在高中數學的「微分」單元還會詳細學習。
國中數學的重點在於確實理解B的內容。

學習一次函數，就是為了理解所有困難的函數而作準備！

沒錯。
順帶一提，大學時期要學的多變數函數，A是解析，B則是線性代數。

原來國中數學不光是高中數學，也是大學數學的基礎呢。

● 瑪莉的memo

➔**一次函數的圖形為直線得到證明。證明時使用的是圖形的相似條件。**

➔**比例與一次函數的學習，可以說是為了理解所有困難的函數而作準備。**

為什麼 $y = ax^2$ 的圖形會稱為「拋物線」呢？

「$y = ax^2$」是什麼？

接下來我們來想一想有關 $y = ax^2$ 的函數。

二次方出現了！

比方說，我們來畫看看 $y = -2x^2$ 的圖形。

當 $x = 0$ 時 $y = 0$

當 $x = 1$ 時 $y = -2$

當 $x = 2$ 時 $y = -8$

當 $x = -1$ 時 $y = -2$

當 $x = -2$ 時 $y = -8$

像這樣代入實際數字，畫出許多 x 和 y 的點，就會出現如下的圖形。

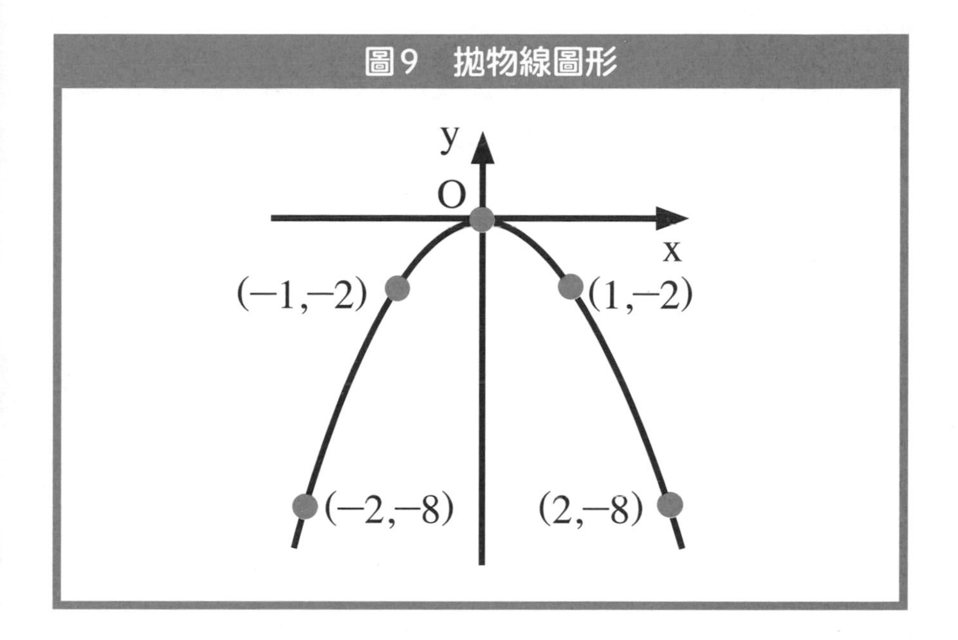

這和一次函數不同，出現弧線圖形耶。

是的，這個圖又稱為**「拋物線」**。

我記得國中時好像學過拋物線。為什麼會叫做拋物線呢？

說到為什麼叫拋物線，是因為和把物體拋到空中時，形成的軌跡相同。

妳有沒有發現剛剛的圖中，如果從 $(-2,-8)$ 一帶往右上方向拋出物體的話，形成的軌跡似乎會通過 $y=-2x^2$ 這條線。

……確實。好像是這麼回事耶。

是不是會懷疑：拋出物體後，真的會變成 $y = ax^2$ 圖形？

經您這麼一說，確實有些令人好奇。

其實，我們可以證明，當拋出物體時，是否真能形成像拋物線的圖形。

什麼！這也可以證明嗎？

是的，雖然這其實應該屬於物理的範疇，但我們可以運用**牛頓運動定律**的物理定律，證明物體以什麼樣的軌跡運行。

這是物理定律嗎？

是的。牛頓第二運動定律，是一個描述物體如何運動的公式。如果基於這個定律來計算，就能證明拋物線圖形。

會出現 $y = ax^2$ 是嗎？

因為這部分比較難，我們省略細節來說明。

具體來說，必須理解微分方程式，以高中生來說，稍微用功一點就能理解的程度。

說的也是。總覺得數學和物理有些相似耶。

沒錯。

- 數學是透過「規則」來證明「事實」。
- 現在談到的物理部分，是以運動方程式這樣的「物理定律」，證明丟出物體會出現 $y = ax^2$ 圖形的「結果」。

這個部分感覺很相近。

我以為物理定律絕對是正確的事實，難道比較像規則嗎？

真要比較的話，我認為比較接近數學規則。

而且，事實上和數學一樣，規則是有可能改變的，物理定律有時也會被推翻。

什麼？物理的「規則」也會有被推翻的時候嗎？

是的。事實上，牛頓的運動定律（第二定律）就某個意義來說，也可以說被推翻過。

牛頓的運動定律並不正確嗎？

嚴格來說，當物體和光以接近相同的超高速度運動時，會產生偏移。

只不過日常中發生的速度偏移極小，小到我們不需要在意。

分為日常使用的規則和特殊狀況使用的規則是嗎？

更正確來說，並不是2個規則，而是

「即使特殊狀況也能使用的一般規則（狹義相對論）」，

這個規則基於日常情況能成立的條件，則是

「簡單的規則（牛頓的運動定律）」，

這麼說可能比較正確。

狹義相對論！這個命名也太酷了吧！

如果作為前提的規則不只一個，思考時依據的規則不同時，因而推測出的事實也會產生差異是嗎……？

確實如此。根據不同前提的物理定律，推論出來的結果也會有所改變。

順帶一提，我在學生時期，曾問過學長：「牛頓第二運動定律是怎麼證明的？」學長回答我：「因為這是物理定律，所以不是去證明，因為只是假設的概念。」我才恍然大悟。

$y=ax^2$ 的通則

既然談過了 $y = ax^2$，順便想一想：

$y = ax^2 + bx + c$ 的問題。這是高中數學學過的二次函數。

就是在後面接上「$bx + c$」的感覺。

是的。這是高中數學要學的二次函數。這基本上也屬於「通則」、「特例」的關係。

怎麼說呢？

國中數學所學的「$y = ax^2$」，是高中數學要學的「$y = ax^2 + bx + c$」的特例。

如果能確實理解國中所學的「特例」，能更容易理解高中數學學習的「一般狀況」。

這是經過縝密思考後決定的學習順序呢！
這也代表國中數學是高中數學的重要基礎對吧？

沒錯。
順便一提，為了幫助解剛剛這種複雜內容，介紹以下2個基本概念。

A. 把複雜的內容先轉化成容易理解的內容
B .確實搞清楚容易理解的內容

嗯。二次函數也是類似這樣的感覺對吧？

可以如同以下這個狀況來理解。

A. 把「$y = ax^2 + bx + c$」轉化成較簡易的「$y = ax^2$」
B. 確實理解「$y = ax^2$」

B就是我剛剛講解的內容。

A則是高中數學要學習的內容。關鍵重點是平移、配方法。

只要國中數學確實理解B的內容，高中再專注學習A的內容就行了。

只需理解2項當中的一項，就能減輕很大的負擔呢！

確實理解簡單易懂的內容，之後再研究「如何轉化成簡單易懂的內容」。

就這層意義來看，**國中數學因為能成為高中數學良好的準備基礎，我認為是相當好的教程**。

原來如此～！

以前讀國中時，我完全沒有時間去想這些……。

「先學習簡單易懂的內容，為將來學習複雜內容作準備。」

這麼一想，對國中數學的觀點會有很大的轉變耶！

正是如此。

●瑪莉的memo

→$y=ax^2$是拋出物體時形成的軌跡，稱為拋物線。這個理論可以證明。

→國中數學所學習的是「簡單易懂的內容（高中數學要學的特例）」。如果能確實理解，高中數學的學習就能更輕鬆！

第3章

圖形

相似形

「相似三角形」的規則與事實

什麼叫相似？

這一章我們來想一想有關圖形的性質吧！

之前學的是有關算式、函數等內容，但圖形感覺又是另一個世界……。

我們學習圖形時，還是一樣先確認是規則或事實。
首先談談「相似三角形」。妳還記得我們在上一本《從原理開始理解數學》中，學過三角形的全等性質吧？

就是指移動或旋轉，都能完全重疊的兩個三角形對吧？

妳記得很清楚呢！
「全等」就是指平移、旋轉、翻轉後都能完全重疊的2個圖形。籠統地說，就是形狀與大小相同的圖形。

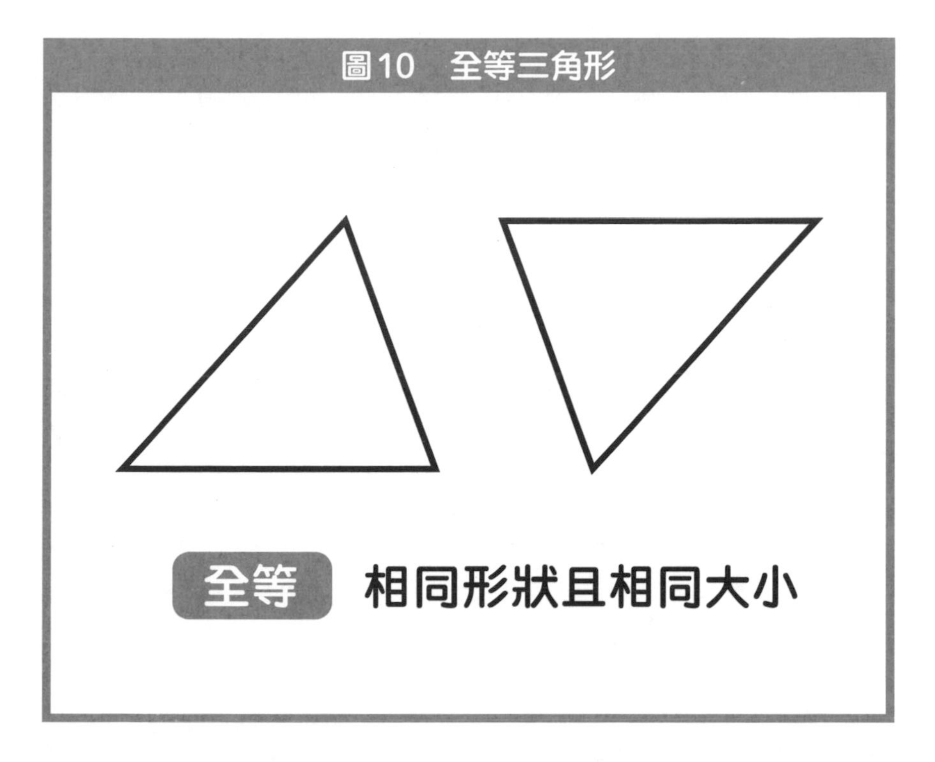

這次所要講解的「三角形的相似性質」，籠統地說就是形狀相同的圖形。

有別於全等性質，大小不同也屬於相似嗎？

是的。相似的規則如下。

相似規則

不論平移、旋轉或翻轉，只要放大或縮小後就能完全重疊的2個圖形，就稱為相似形。

在下圖中，先將左側的三角形放大，旋轉180°再移動後，2個三角形就能完全重疊，所以這2個三角形稱為相似形。也就是在全等性質的規則上，加上「放大、縮小」的條件。

反過來說，**「從相似性質去掉放大、縮小的條件，就是全等性質」**。

也就是說，全等是相似的特例。

圖11　相似三角形

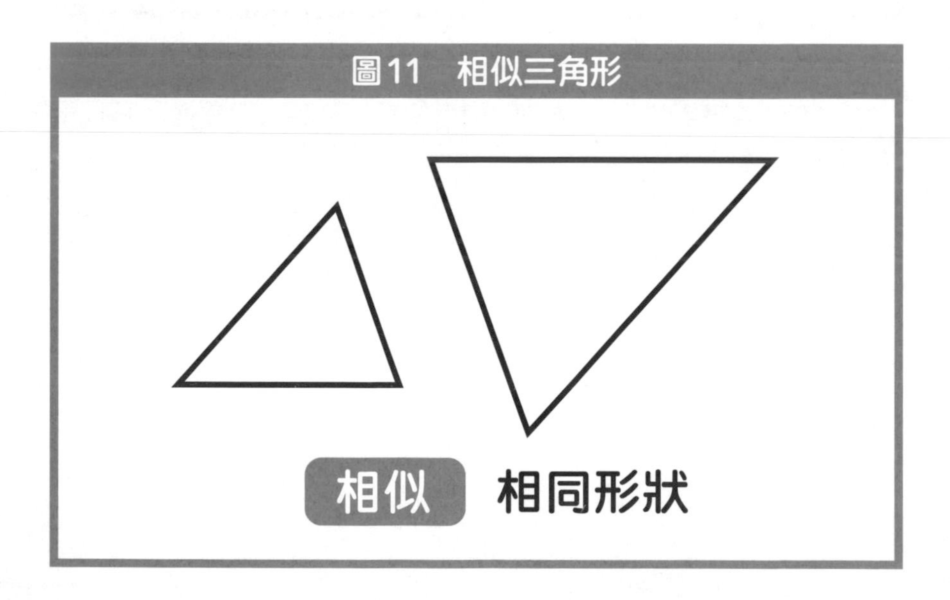

您說的「放大」是不是就像鏡頭拉近？

嗯～。我更仔細說明一下這裡的「放大、縮小」究竟是什麼意思。

放大、縮小的規則

- 以某個點O為中心，所有的點都「以O點為準，拉遠或拉近，與O點的變換距離為K倍」。
- 當K>1時為「放大」，當K<1時則為「縮小」。

圖12　放大、縮小的示意圖

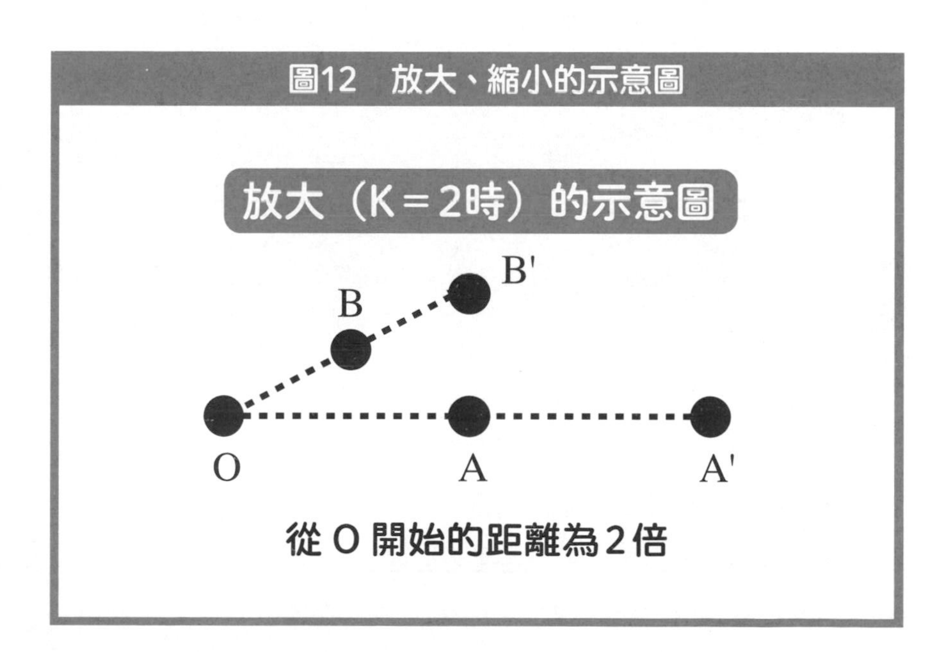

例如，這個圖是放大的例子（當K＝2時）。距離O的長度為2倍。A移動到A'，而B移動到B'。

所謂的放大、縮小，要明確定義清楚，原來相當麻煩耶……。

是的。有關「什麼是相似形？」的提問，像這樣連放大、縮小的規則都要解說清楚並不容易。能把相似形的定義（規則）說得清楚明白的人，可能出乎意料的少。

這一點我太了解了！

相似形在許多情況下都能運用，是十分實用的理論。不但能運用相似三角形證明畢氏定理，也可以用來證明第2章的一次函數是直線。

相似形為什麼方便好用？

相似形相當好用耶！

是的。相似形之所以這麼好用，

是因為：

- 相似形出現在許多不同情況。
- 相似形就代表許多不同性質的成立。

對於推論圖形性質來說，是非常方便的工具。

原來如此。「許多不同情況」和「許多不同性質」又是什麼意思呢？

妳提了一個好問題。以下具體說明。

三角形的相似條件

●2個對應角相等，則2個三角形為相似。

●2個對應邊成比例且其夾角相等，則2個三角形為相似。

●3個對應邊成比例，則2個三角形為相似。

→以上是「相似形會出現在許多不同的情況」之具體實例。

相似性質

●相似三角形的對應邊比例相等。

●相似三角形的對應角相等。

→以上是「如果是相似形，就代表許多性質的成立」的具體實例。

好多耶。這些都不屬於規則，而屬於事實對嗎？

是的。都是從相似規則可以證明的定理（事實）。

我以前不管是三角形的相似條件或相似性質，好像都是死背下來的。

確實如此。多數人都是死背的。應該很少人想過去證明，我們就來證明看看吧！

⊕ 證明「三角形的相似」為事實

上面列出了5項，全部都要證明嗎……？

全部都證明太麻煩了，所以我打算只證明一項三角形的相似條件。我們來證明**「2個對應邊成比例且其夾角相等，則2個三角形為相似」**。

請老師先告訴我**「2個對應邊成比例，且其夾角相等」**是什麼意思？

請看下一頁的圖。

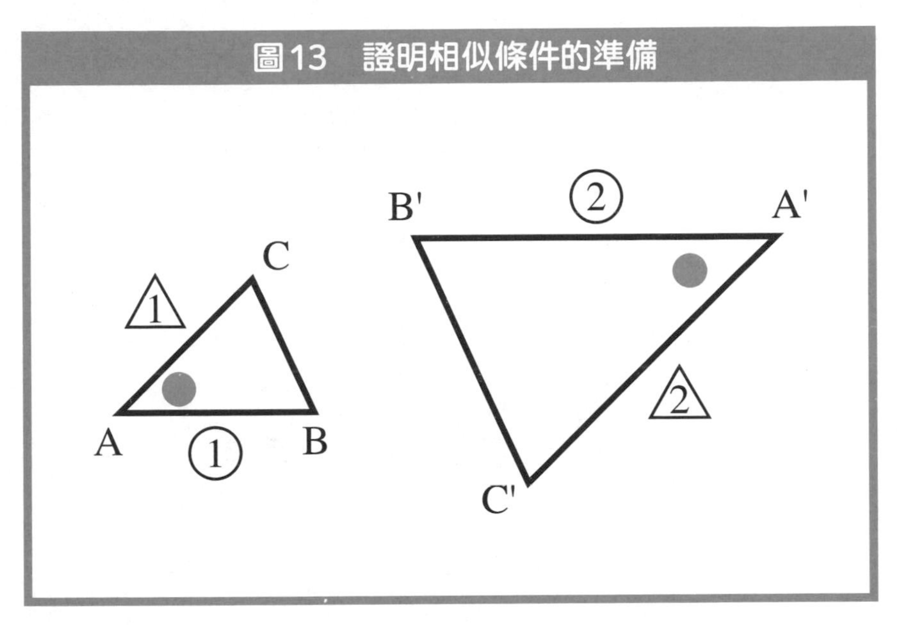

有關2個三角形ABC和A'B'C'，

- 2組對邊的比例「AB:A'B'」和「AC:A'C'」相等，
- 其夾角的∠A和∠A'相等。

嗯……圖中是

$\angle A = \angle A'$，$AB:A'B' = AC:A'C' = 1:2$對吧。

這要如何證明是相似條件呢？

我們先來確認一下相似的規則。也就是三角形ABC和A'B'C'**「平移、旋轉或翻轉，放大或縮小後能完全重疊」**。透過3個步驟就能完全重疊！

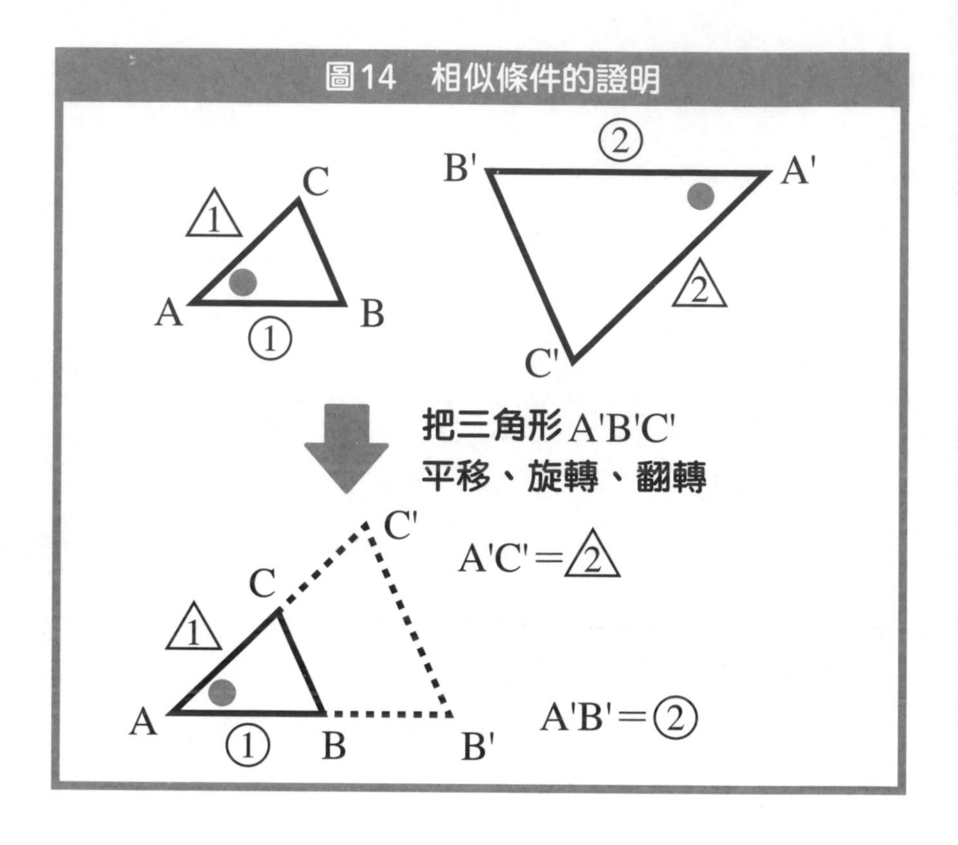

1. 平移及旋轉

將三角形A'B'C'平移及旋轉，∠A及∠A'將如上圖所示完全重疊。

2. 翻轉

必要的話加以翻轉，B'會落在直線AB上（而C'會落在直線AC上）。

3. 放大及縮小

把較小的三角形ABC，以點A為中心，放大為$\frac{A'B'}{AB}$倍。以圖例的情況來看為放大2倍。這麼一來，以點A為中心，較小的三角形頂點B和C，分別以相同比例，從A點拉開放大。當放大到$\frac{A'B'}{AB}$倍時，B和B'一致。這時候，因為$\frac{A'B'}{AB}=\frac{A'C'}{AC}$，C也會和C'完全重疊。

A、B、C這3個頂點完全重疊了！
雖然有點難，但仔細這麼一分析，確實是相似形。

是的。我們以先確認的相似規則證明相似形。不是只有這一次，當不知道該怎麼解題時，先「確實理解定義」，或許就能順利解開疑問了。

● 瑪莉的memo

- **所謂的「相似形」，簡略來說就是兩個形狀相同的圖形。想確實地證明相似的規則，出乎意料地繁瑣。**
- **三角形的相似條件及相似性質，因為屬於「事實」，所以能夠證明。**

為什麼直角三角形的邊長關係是「$a^2 + b^2 = c^2$」？

什麼是畢氏定理？

接著我們來學習畢氏定理。

我記得曾在國中學過畢氏定理！

畢氏定理全名是「畢達哥拉斯定理」，屬於非常有名的事實。

畢氏定理

直角三角形的直角兩邊長度為a、b，斜邊長為c時，

則$a^2 + b^2 = c^2$。

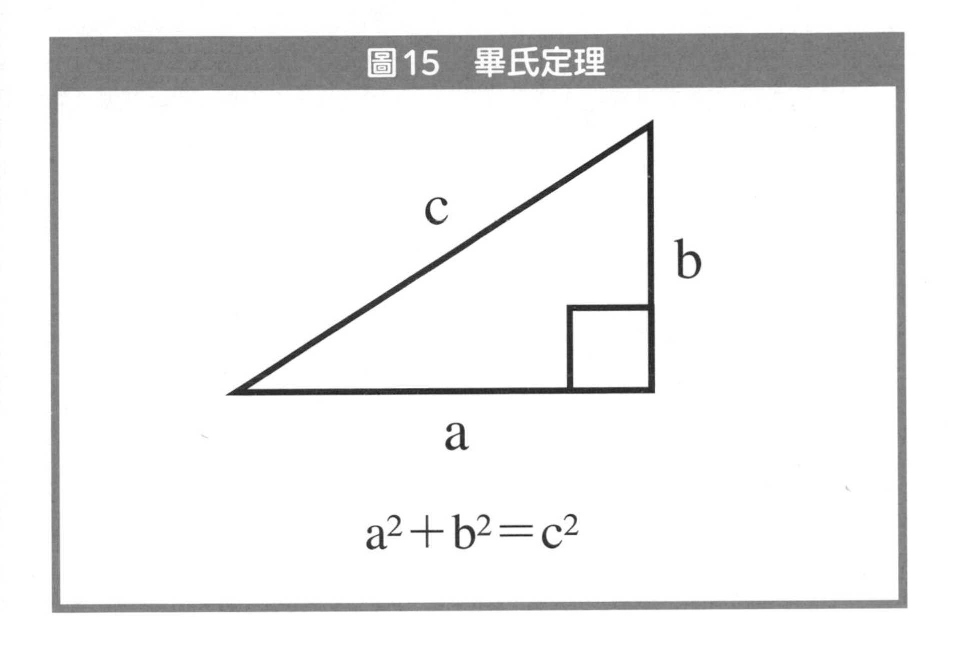

也就是「斜邊長的平方」等於「其他2邊長平方相加」的意思對吧？

是的。因為這個定理屬於事實，所以能證明。

要怎麼證明呢？

其實畢氏定理有許多證明方式。透過網路查詢，甚至有人把證明畢氏定理的方法統整製作成網站，上面整理出超過100種的證明方法。

哇！超過100種?!
竟然有那麼多⋯⋯（汗）。

由此可見它是多麼受注目的定理。
當然，這100種當中，也包括「只是中間的計算方式稍微改變」，其實本質相同的證明方法。不過，這麼多證明方法的定理還是很稀奇。

要學習100多種，有點累人⋯⋯。

那麼，我們在這裡只介紹其中2種。

畢氏定理的證明1

首先是第一種證明方式。
把邊長a、b、c的直角三角形如圖排列，排出外圍（藍色線）的正方形。

也就是排列四個相同形狀的直角三角形對吧？

是的。
藍色正方形的邊長為$a+b$。
而內側形成的黑色四邊形，則是邊長為c的正方形。

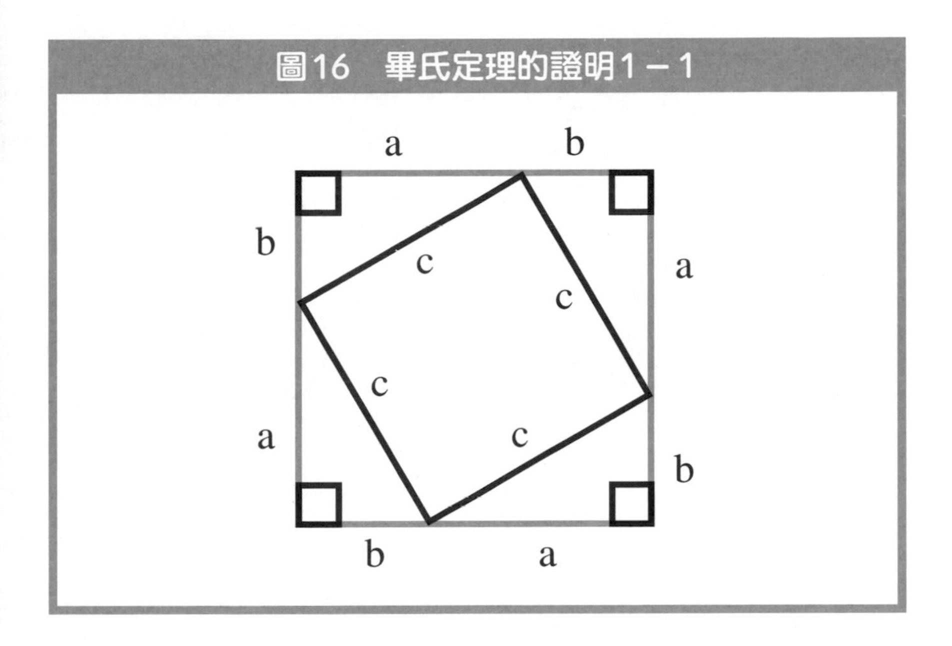

正中央的四邊形確實看起來像正方形耶！

是的。姑且先來證明它是正方形。所謂的正方形就是「四邊的邊長相同」，以及「每一個角都是90°」的四邊形。

啊！這在上一本書中有證明過！四邊的邊長同樣為c這個我懂，但為什麼會「每一個角都是90°」呢？

請看下一頁的圖。

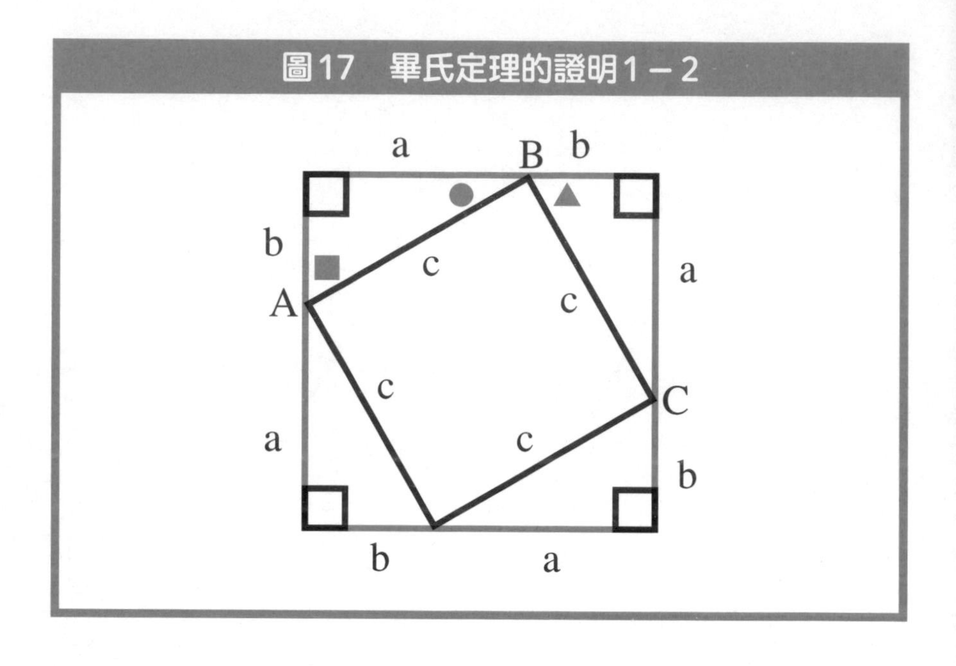

例如，∠ABC＝90° 的理由如下：

●因為排列的是原本就相同的4個直角三角形，所以▲＝■

●三角形的內角和為180°，所以■＋●＝90°

從以上2個式子，得知▲＋●＝90°

因此，∠ABC＝180°－（▲＋●）＝90°

其他各角也可依此推論為90°。

原來如此～。這樣就可以了解正中央的四邊形是正方形了。

接下來我們計算一下較大的藍色正方形面積。

我們的目的是證明畢氏定理$a^2 + b^2 = c^2$不是嗎？為什麼要計算面積呢（汗）？

這樣妳會更容易理解之後的說明內容。總之先計算面積吧！

了解。邊長為a＋b的正方形，求出面積S，應該是下面這一則公式？

$$S = (a + b) \times (a + b) = (a + b)^2$$

沒錯。

另一方面，也可以把較大的正方形分為「正中央的小正方形」及4個三角形來思考。這麼一來，面積計算公式如下：

$$S = c^2 + 4 \times \left(a \times b \times \frac{1}{2}\right)$$
$$= c^2 + 4 \times \frac{1}{2}ab$$
$$= c^2 + 2ab$$

2種方法都能計算出面積S呢！

是的。2個式子都是求出S的結果，我們可以使用等號寫出如下的式子。

$$(a + b)^2 = c^2 + 2ab$$

接著左邊寫成展開式：

$$a^2 + 2ab + b^2 = c^2 + 2ab$$
$$a^2 + b^2 = c^2$$

最後得出畢氏定理了耶！

是的。這樣我們就證明出畢氏定理。這是有名的證明方式，但要好好地連「正中央的四邊形是正方形的理由」也必須說明，所以相當麻煩。

中途還出現$(a+b)^2=a^2+2ab+b^2$這個第1章學過的「展開式」。

沒錯。展開式也會在圖形中登場。展開式及因式分解這些基本運算，就像這樣會在其他領域出現，可以說是基礎概念，所以先好好把它學會相當重要。

國中數學沒完沒了地練習展開式及因式分解，我以前總是邊寫邊納悶著：「這到底有什麼用？」原來這是基礎中的基礎呀！

畢氏定理的證明2

接著，我要講解第2個證明方式。剛剛的證明使用的是「面積」，接下來使用「相似形」來證明。

相似形，是剛剛說明過的！

接下來開始證明。從直角頂點C往斜邊AB畫出垂直輔助線，假設輔助線與AB的交點為H。

只有這樣而已嗎？

是的。這次只需畫出一條輔助線。接著注意看一下三角形BHC和三角形BCA。這2個直角三角形，共用∠B，而∠H和∠C分別為這兩個三角形的直角。

啊，「2個角分別屬於相同形狀的三角形」。

是的！也就是說這2個三角形是相似形。

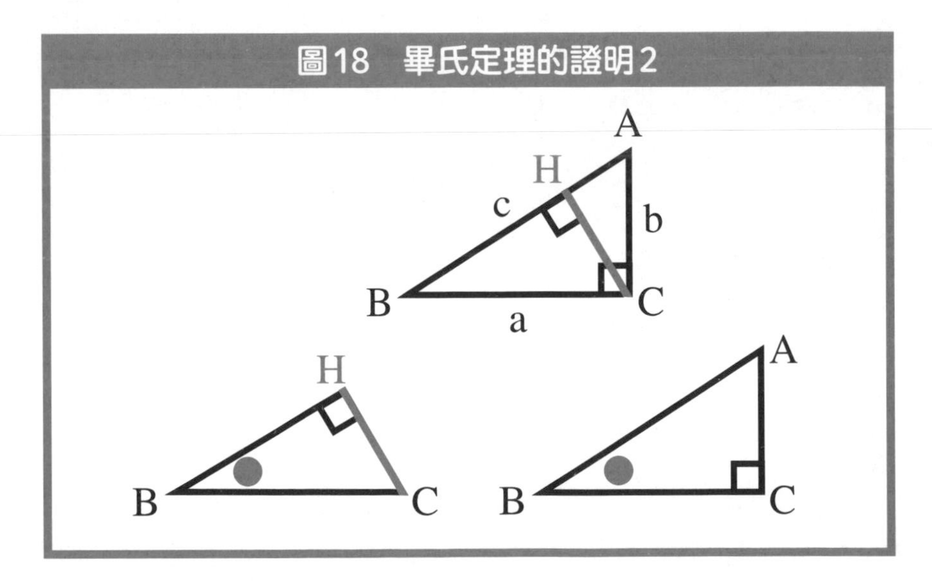

接著，我們看看2個直角三角形AHC和ACB，這2個也是共用∠A，而∠H和∠C分別為這2個三角形的直角，這2個三角形同樣是相似形。

2組三角形分別都是相似形呢。

接下來寫出算式。如果是相似形，對應邊的比例相同，所以形成如下的關係：

三角形BHC和BCA為相似形，

$\rightarrow BH:BC = BC:BA$

$\rightarrow BH \times BA = BC^2 = a^2$

三角形AHC和ACB為相似形，

$\rightarrow AH:AC = AC:AB$

$\rightarrow AH \times AB = AC^2 = b^2$

原來如此。a^2和b^2出現了。

是的。接著我們把2則算式相加。

$$a^2 + b^2 = BH \times BA + AH \times AB$$

出現畢氏定理中的a^2和b^2 ！

把右邊的式子再變化一下，

$$\begin{aligned}
& BH \times BA + AH \times AB \\
&= AB \times BH + AB \times AH \\
&= AB \times (AH + HB) \\
&= AB \times AB \\
&= c^2
\end{aligned}$$

就會變成以上算式。

哇～！得出$a^2 + b^2 = c^2$ ！

是的。這就證明了畢氏定理了。

雖然有點難，但出現了前面學過的相似形，真是有趣。

這個證明方法，只需要畫出一條輔助線，是非常聰明的方法。而且，從直角往斜邊畫出輔助線時，能夠知道形成2組相似的三角形。像這樣採用其他證明方式來思考，而有了新發現。

原來還有這樣的觀點！「證明」這回事還真深奧……。

畢氏定理的通則

理解畢氏定理的這些概念後，我們接下來就思考一下通則吧！

畢氏定理也能建立通則嗎？

其實，畢氏定理可以歸類為高中數學要學習的「餘弦定理」特例。

餘弦定理？

所謂的餘弦定理，就是指三角形中，只要得知2邊的邊長與夾角，就能計算出第3個邊長的定理。

這個好像非常方便耶！

具體來說是下列的「事實」。

餘弦定理

$a^2 + b^2 - 2ab\cos C = c^2$

哇！這看起來也太難了吧？

瑪莉，妳再仔細看清楚。

妳不覺得和畢氏定理很像嗎？

圖19　餘弦定理

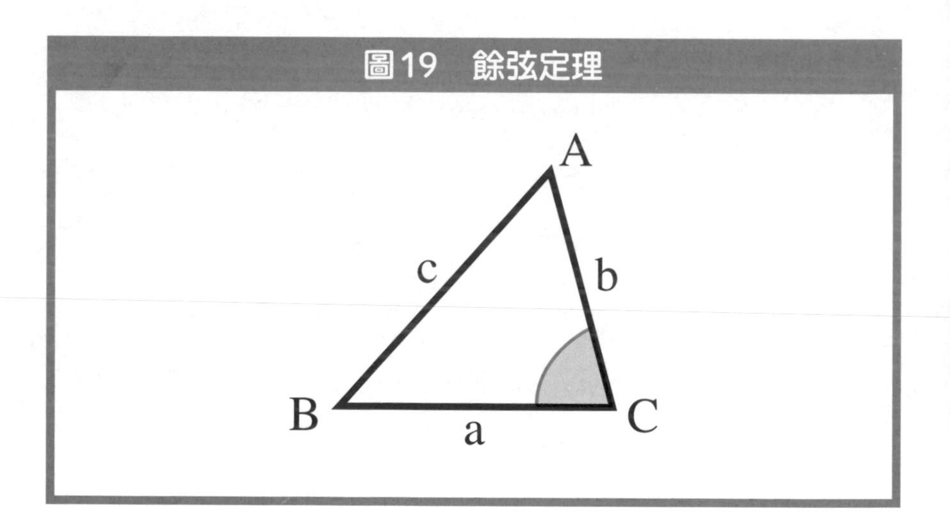

嗯……。

這麼一說，如果去除「$-2ab\cos C$」的話，確實是很像畢氏定理。

很好，妳發現了！「$-2ab\cos C$」是由內角C決定數值。

例如，當$\angle C = 90^\circ$，則$-2ab\cos C = 0$。
因此得到以下的式子。

當$\angle C = 90^\circ$，
$a^2 + b^2 = c^2$

啊！這樣我就懂了！也就是說，**所謂的畢氏定理，就是「餘弦定理的$\angle C = 90^\circ$時」**的意思。

一點也沒錯。也就是下面的意思。

- 餘弦定理是畢氏定理的通則
- 畢氏定理是餘弦定理的特例（$\angle C = 90^\circ$時）

果然這裡也是在國中數學所學的內容，和高中數學基礎（特例）之間的關係。

我們順便想一想當$\angle C = 180^\circ$時的狀況。

這時候$\cos C = -1$，所以餘弦定理會變成下列的情況。

$$a^2 + b^2 - 2ab \times (-1) = c^2$$

$$a^2 + b^2 + 2ab = c^2$$

$$a^2 + 2ab + b^2 = c^2$$

$$(a + b)^2 = c^2$$

$$a + b = c$$

呃……。「邊長$a + b$，會變成c」？

這是什麼意思啊??

畫畫看$\angle C = 180^\circ$時的圖形就知道。

這個情況，A、C、B將排列在一直線上。

不就是$a + b = c$嗎？

原……原來如此（汗）。就算沒變成三角形的狀態，式子仍然成立。

像這樣能注意「畢氏定理與餘弦定理的關係」後，能更深入理解餘弦定理，也更容易記住餘弦定理。

真是讓我受益良多！

理解或不理解並非二分法

對了！為什麼要用2種方法去證明呢？
我還以為應該1種方法就夠了……。

以多種方法證明，能加深對定理的理解，還能發現和其他定理間的關係，是非常有益的學習。

原來如此……。我原本認為只要理解1種證明方式，就是「完全理解的狀態」。

因為並不是理解1種證明就到達終點。我認為**數學的理解並不是「完全理解」和「完全不理解」的二分法**。

我以前一直抱著解出問題就過關，解不出問題就出局的二分法印象。

所謂數學的理解，並不是光看某個側面，「究竟是理解？還是不理解？」這種「不是0就是1」的區分，而是從各個角度去理解，逐漸加深與擴大。

好厲害……。感覺是個十分壯觀的世界。

我也是在大學學習數學後，才第一次感受到「理解並非0或1的二分法」。

原本以為理解程度應該是「0.7」，後來知道與其他定理間的關係，才發現原來「只理解了0.5」左右。

我本來以為完全了解畢氏定理了，或許其實只理解0.2左右而已呢……！

●瑪莉的memo

➔**直角三角形「斜邊以外的2邊長平方相加」等於「斜邊長的平方」。**

➔**學習多種證明方法，思考定理的通則，能對定理有更深入的認識！**

三角板

為什麼三角板的規格是「45° 45° 90°」和「30° 60° 90°」呢？

關於三角板

說到直角三角形，有個我們很熟悉的文具「三角板」。

市面上所賣的三角板都是「45° 45° 90°」和「30° 60° 90°」這2種規格對吧？

圖20　三角板

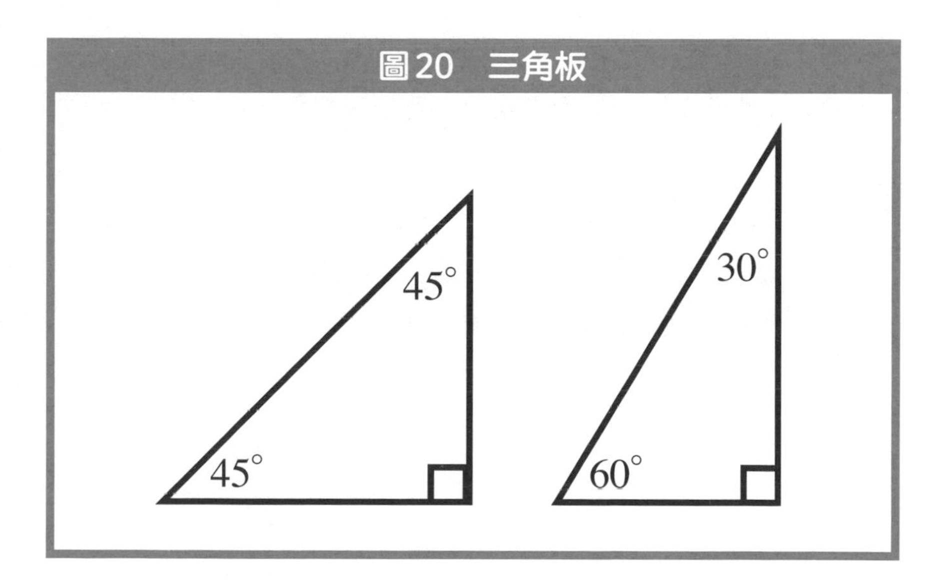

的確。我只看過這2種規格。

為什麼只有這2種規格呢？「40° 50°的直角三角形」難道不行嗎？

這麼一說確實很奇怪，是為什麼呢……？難道是某個人決定的關係嗎？

這也沒錯，但我們不妨思考更確實的理由。我認為三角板之所以是「45° 45°的直角三角形」和「30° 60°的直角三角形」，可能有以下3個理由。

理由1.「因為可以運用在各種不同情況」

「45° 45°的直角三角形」又稱為「直角等腰三角形」，屬於特殊的三角形，是把正方形以對角線切成對半而形成的三角形。反過來說，兩個接在一起，就形成正方形。

確實，如果從「正方形的對半」，似乎可應用在許多情況。

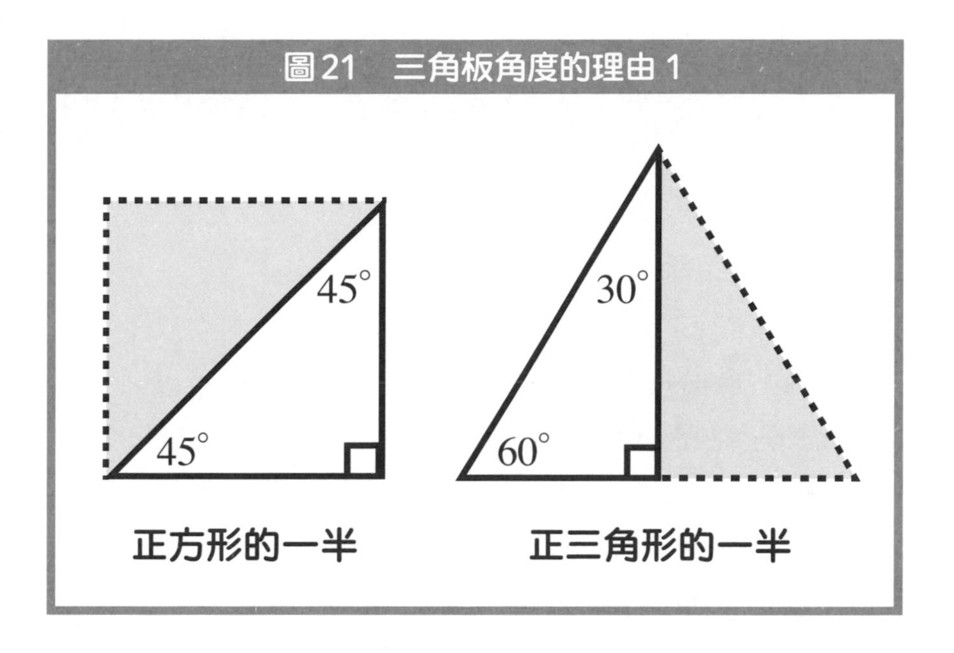

同樣的，「30° 60°的直角三角形」則是正三角切成對半而形成。

原來如此。或許是因為在各種不同情況下出現的常用三角形，所以文具店採用這個規格。

另外也可能是基於以下的理由。

理由2.「因為可以分割出半圓的n等分」

半圓的角度為180°。其中的2等分為90°、3等分為60°、4等

分為45°、6等分為30°。

換句話說，三角板包含了許多可以把圓以及半圓分成等分時的角度。

要平均切蛋糕時也可以用三角板！

不過，半圓的5等分是36°，所以很難分出5等分。

如果是我制定第3種三角板的規格，會考慮使用「36°、54°的直角三角形」。

不是10°、20°，而是36°啊～。

最後一個理由如下：

理由3.「因為是可以簡單計算邊長比例的三角形」

使用畢氏定理的話，三角板的直角三角形邊長比如下：

- 45° 45°的直角三角形為$1:1:\sqrt{2}$
- 30° 60°的直角三角形為$1:2:\sqrt{3}$

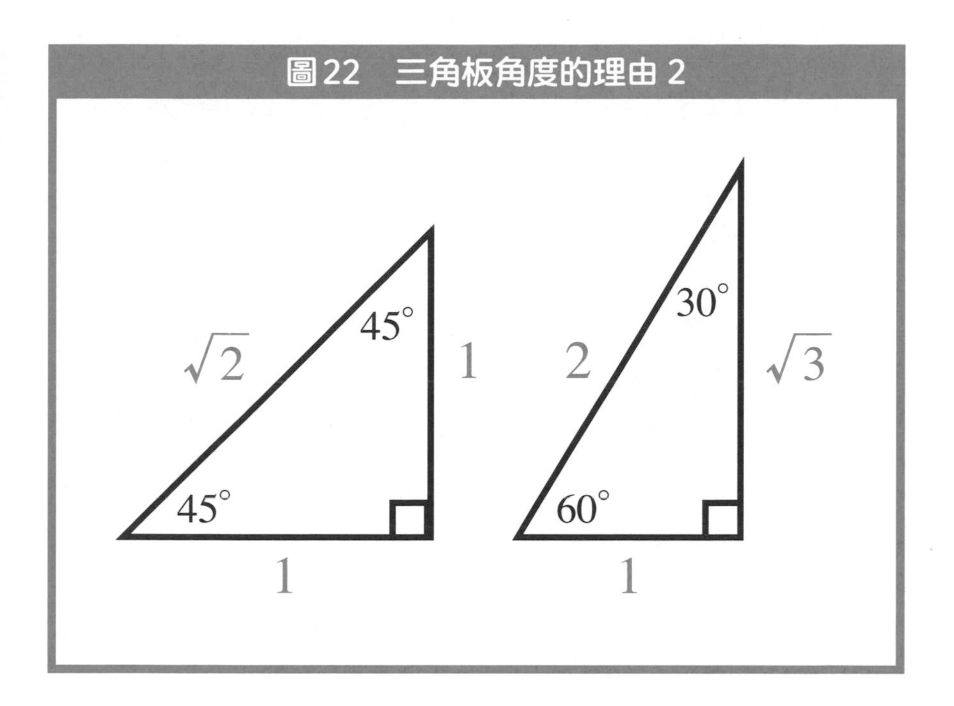

圖22　三角板角度的理由 2

先熟悉這個三角形，在高中數學學習三角比、三角函數時就會很輕鬆。是很好的三角函數入門學習。

能夠成為那麼難的數學入門啊？

是的。我認為三角比的計算速度會產生很大的差異。

原來如此……。平時漫不經心地使用三角板，原來其中有這麼深奧的學問啊……。

當然，沒有問實際上製作的人，不會知道真正的原因。但是像這樣去思考理由，也是一種學習，豈不是很令人開心嗎？

瑪莉的memo

➔三角板是「45° 45° 的直角三角形」和「30° 60° 的直角三角形」的組合。

➔理由是「因為是可以適用各種情況的重要三角形」、「因為容易均分n等分」、「因為可以為學習三角比、三角函數作準備」。

中點座標

為什麼中點座標要用「平均」找出來呢？

⊕ 座標平面與中點

接著，我們要談座標平面的主題。

這是指以2個數字表現平面上的2個點，對嗎？在第2章「證明一次函數的圖形為直線」時出現過。

沒錯。座標是我在國中、高中時期最喜歡的領域。
非常有趣對吧？

……我不懂哪裡有趣……？

使用座標的話，就算是困難的圖形問題只靠計算就能解答，感覺很痛快！
就計算和圖形的融合運用來說，也非常有趣。

原來如此。請Masuo老師教教我，座標究竟是怎麼回事？

我們先來想一想座標平面的「中點」。

中點的意思就是正中央的點對吧？

說得籠統一點是這樣沒錯。規則如下：

中點的規則

對於線段AB，位於線上，且符合AM＝BM條件的點M，稱為中點。

呃？

圖23　中點的定義

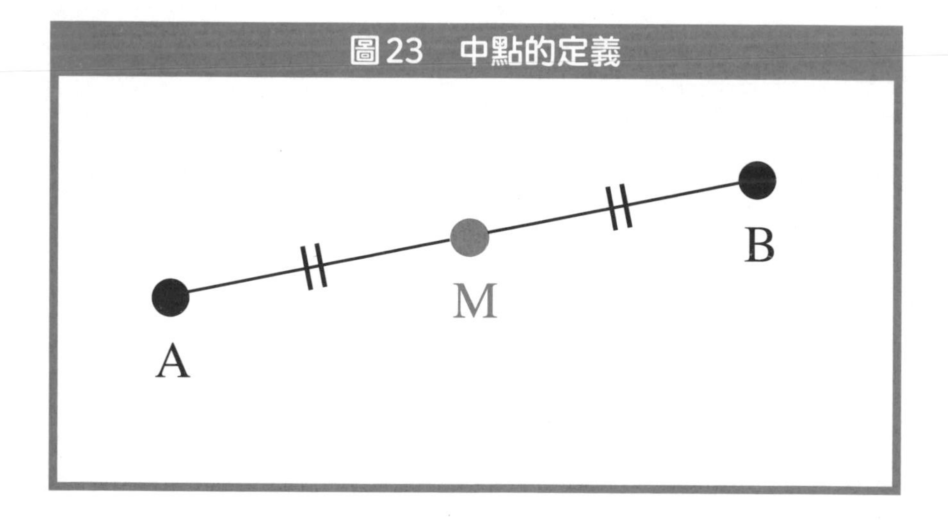

請看一下圖例。所謂的中點，就是指「位於線段上」、「與兩端點距離相等」。

確實是位於正中央的點沒錯耶。

求中點的方式

接著，我們來想一想座標平面上的中點。

對於A(1,2)和B(7,4)這2個點的線段AB，中點會在哪裡呢？

嗯……正中央的點是嗎……不太懂耶。

圖24　中點例題

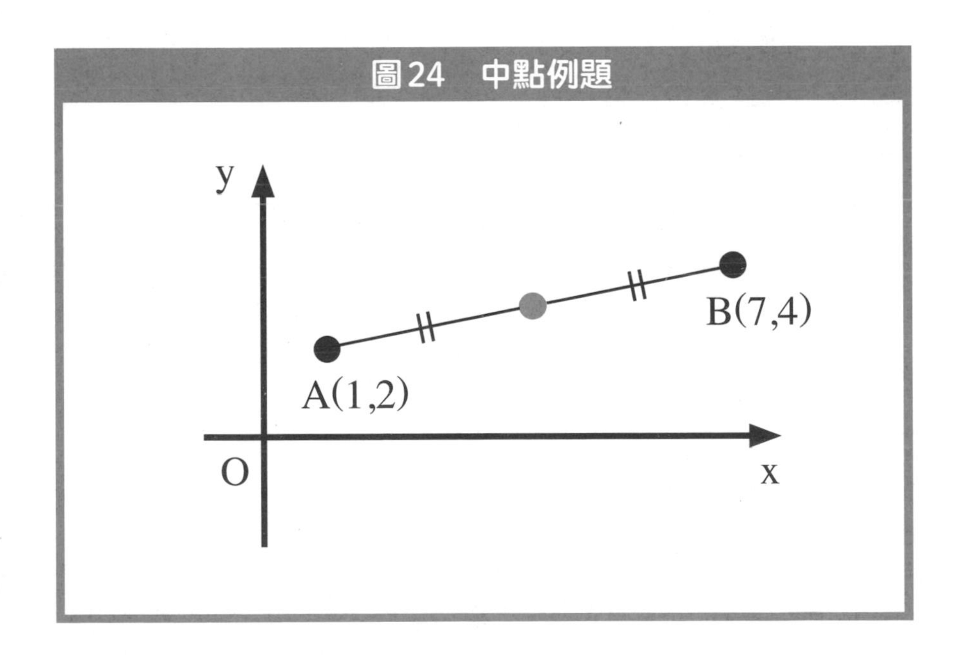

其實，計算「各個座標的平均」，就可以得出中點座標。

計算平均？

是的，例如以下的算式。

- x座標是1和7，取平均值為 $\frac{1+7}{2}=4$
- y座標是2和4，取平均值為 $\frac{2+4}{2}=3$

也就是說，中點座標為(4,3)。

哇～！只需分別計算平均就好了嗎？

實際看圖，(4,3)的位置看起來確實位正中央的感覺不是嗎？

為什麼中點可以利用2點平均計算出來？

我懂中點座標是利用平均計算出來的了！解決一道關卡了呢！

不，這還沒有經過確實的證明。

這麼說也對……我記得教科書上只有寫出公式，請您告訴我應該怎麼證明！

先假定A的座標為(x_A,y_A)，B的座標為(x_B,y_B)，分別計算它們的平均為 $\frac{x_A+x_B}{2}$ 及 $\frac{y_A+y_B}{2}$ 。

我好像可以感覺這就是中點，但要怎麼證明呢？

只要能滿足$M(\frac{x_A+x_B}{2},\frac{y_A+y_B}{2})$的中點規則就沒問題了。換句話說，確認符合以下2個條件就是目標。

- M必須在線段AB上
- AM＝BM

原來如此。還是回到中點規則的想法對吧？要怎麼確認這2個條件呢？

這有許多方法。在這裡使用三角形的全等性質來證明。

首先，

①M是從A往右為$\frac{x_B - x_A}{2}$，往上為$\frac{y_B - y_A}{2}$移動的點。

呃……為什麼要這麼做？

因為$\frac{x_A + x_B}{2} - x_A = \frac{x_B - x_A}{2}$。換句話說，

$x_A + \frac{x_B - x_A}{2}$就是M的x座標。

x_A往右移動$\frac{x_B - x_A}{2}$，就變成$\frac{x_A + x_B}{2}$的意思是吧？

y座標也以同樣的方式推論，就能了解①。

同樣道理，

②B是從M往右為$\frac{x_B - x_A}{2}$，往上為$\frac{y_B - y_A}{2}$移動的點。

能以同樣方式計算出來是嗎？

是的。會變成$x_B - \frac{x_A + x_B}{2} = \frac{x_B - x_A}{2}$的算式。

從M往右移動$\frac{x_B - x_A}{2}$，得出x_B的結果。

是的。我們把①和②畫成圖形。

圖25 中點的證明

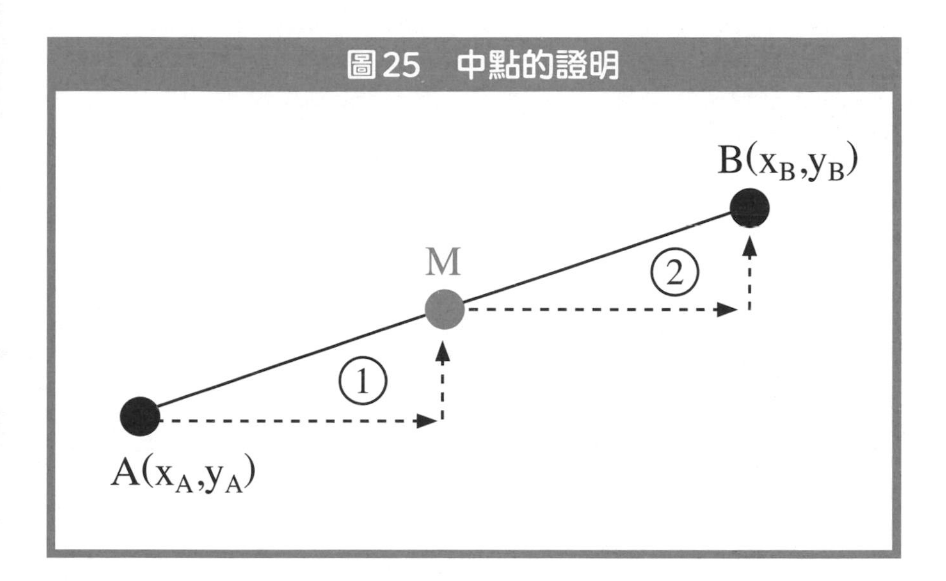

這麼一來就得出2個全等三角形。

這是為什麼呢？

因為2邊長和其夾角相等。

- $\frac{x_B - x_A}{2}$ 的邊長
- $\frac{y_B - y_A}{2}$ 的邊長
- 其夾角為90°

「2邊的邊長及其夾角相等」是全等三角形的條件。

是的。因為是全等三角形，所以能得知以下情況。

- M在線段AB上
- AM＝BM

也就是證明了M為中點。

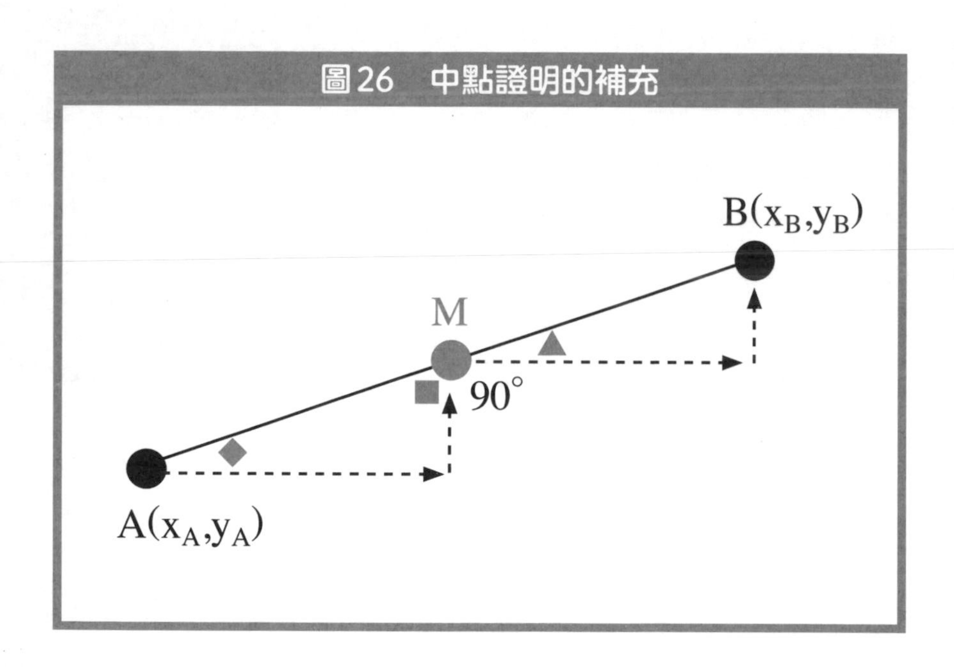

嗯～我知道因為是全等三角形，所以邊長相同，即AM＝BM，但「M在線段AB上」是為什麼呢？

這裡有點難了解對吧？我再進一步說明。

- 因為是全等三角形，所以▲＝◆
- 因為是直角三角形，所以◆＋■＝90°

從以上2條式子，得知▲＋■＝90°

因此，∠AMB＝▲＋■＋90°＝180°

∠AMB＝180°，所以A、M、B在一直線上。

原來如此。要確實證明相當費事耶……。

是的。說明到這裡才總算證明了「中點座標能以平均計算出來」！

雖然是平常很少特地去證明的公式，但確實證明後，我相信可以更加深理解。

中點的通則

接著，我們來想一想通則。

這裡也要用上通則嗎？

是的。剛剛我們思考過中點座標。

中點就是把線段分為1:1的點。

把這個建立通則，想一想如果是2:3，或是4:1的情況，會是怎麼樣呢？

原……原來如此。的確會好奇地想計算看看耶。

我以前怎麼都沒想到……（汗）。

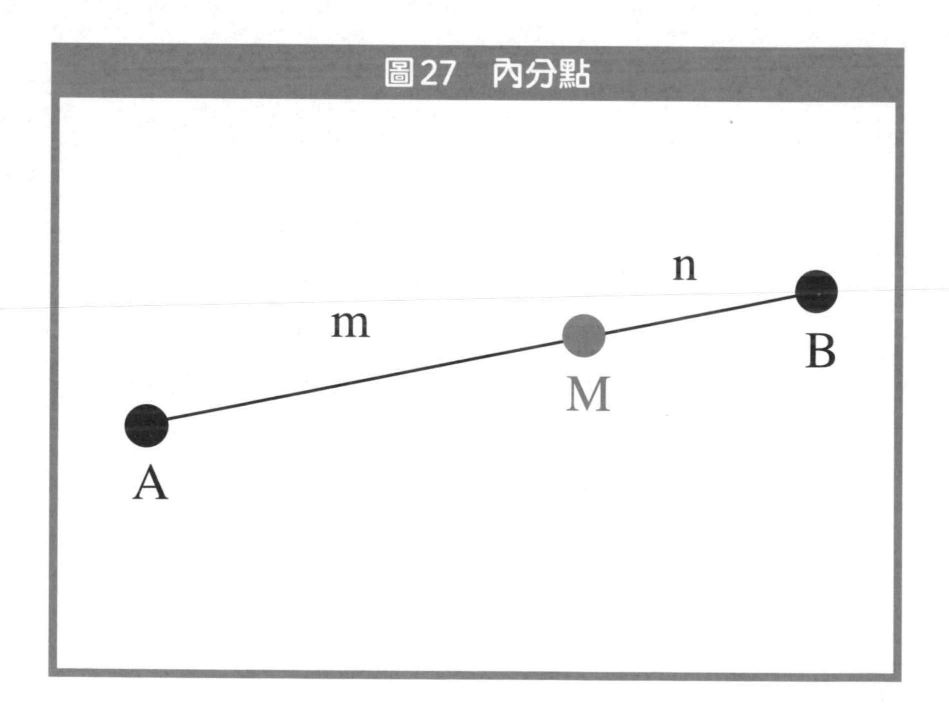

圖27　內分點

因為這個超出國中數學範圍，所以我只說明一下大致的概念，假設A和B的座標分別為$A(x_A, y_A)$、$B(x_B, y_B)$，「把線段AB分為m:n的點之座標」，以下列算式可以計算出來。

$$x = \frac{nx_A + mx_B}{m + n}$$

$$y = \frac{ny_A + my_B}{m + n}$$

這樣可以得出中點的通則嗎？

我們確認看看。中點為$m = n$時，這種情況會出現如下列算式。

$$x = \frac{mx_A + mx_B}{m + m} = \frac{m(x_A + x_B)}{2m} = \frac{x_A + x_B}{2}$$

$$y = \frac{my_A + my_B}{m + m} = \frac{m(y_A + y_B)}{2m} = \frac{y_A + y_B}{2}$$

真是太厲害了！真的變成中點的算式了。

也就是說，計算中點的算式，是這個算式的特例。
不是只滿足於1:1的中點，而是延伸思考「能形成m:n比例的點在什麼位置」，能更加擴展對數學世界的理解。

真有意思。

理解國中數學的「中點」，就能更快速理解高中數學的「內分點」。

這裡的關係，也是國中數學單元建立的通則，就成為高中的數學單元，對吧？

一點也沒錯。接著我們再試試從其他角度來建立通則。

……其他角度？

中點可以透過計算2點的平均值而知道。接著我們要從「計算3點的平均會得到什麼結果」的角度來看。

2點增加為3點！

中點是求A和B的平均，就能得知中點。如果在另一處有C點，要計算這3點的平均，會得到什麼結果呢？

嗯……那就是這三點的正中央……？

沒錯。會得出稱為「三角形重心」的「正中央的點」。計算式如下：

$$\left(\frac{x_A + x_B + x_C}{3}, \frac{y_A + y_B + y_C}{3}\right)$$

重心……？

是的，這也是高中數學要學習的內容。這裡的關係也同樣是「國中數學＝高中數學的特例」。

好厲害……。即使只是一則公式，也能用各種方式建立通則，擴大理解範圍耶！

●瑪莉的memo

- ➔座標上2點的中點能以「平均」計算出來。這則公式屬於事實，所以能夠證明。
- ➔中點的公式能建立出「內分點公式」的通則。也能擴大解釋成「重心的公式」。同一則公式可以有各種不同方式的擴大解釋。
- ➔這裡也是「國中數學＝高中數學的特例」關係。

為什麼球的體積公式是「$\frac{4}{3}\pi r^3$」呢？

球的體積要怎麼計算？

最後我要介紹如何計算球體。

球體？啊，是指球的體積。沒有平面，感覺計算很困難……。

其實，球體有計算公式。

球體計算的事實

假設球的半徑為 r，圓周率為 π，

球的體積 $= \frac{4}{3}\pi r^3$。

我似乎有點印象……。當時還曾納悶過「為什麼是 $\frac{4}{3}$？」

沒錯。要了解這個$\frac{4}{3}$的理由確實得費一番工夫。

我應該是直接死背……。

是的。應該幾乎所有的國中生都無法說明$\frac{4}{3}$的理由。一般來說，必須使用高中數學教的積分來證明球的體積。

呃，積、積分……?!

是的，但是積分遠遠超出國中數學的範圍，所以國中數學老師幾乎都不會講解這個理由。

的確，我依稀記得老師只說「**就是$\frac{4}{3}\pi r^3$**」。

因此，我們這一次要在國中數學的範圍，說明為什麼球的體積是以這個公式來計算。

不使用積分也能證明嗎？

是的。就結果來看，其實是和積分相近的思考方式，不過，只要確實理解國中數學，即使不明白積分，也能理解的一種證明方式。

具體來說，是把球體分成小塊切片來思考。

小塊切片……。這麼一說，圓的面積也是使用分割小塊的計算方式。

是的。計算圓的面積，是把圓切到接近直線程度的小塊，再重新排列成接近長方形的形狀，最後再計算面積。

長方形的長為半徑 (r)，寬為圓周的 $\frac{1}{2}$，所以可得出以下的算式：

面積 $= r \times$ 圓周的一半 $= r \times \frac{1}{2} \times 2r \times \pi = \pi r^2$

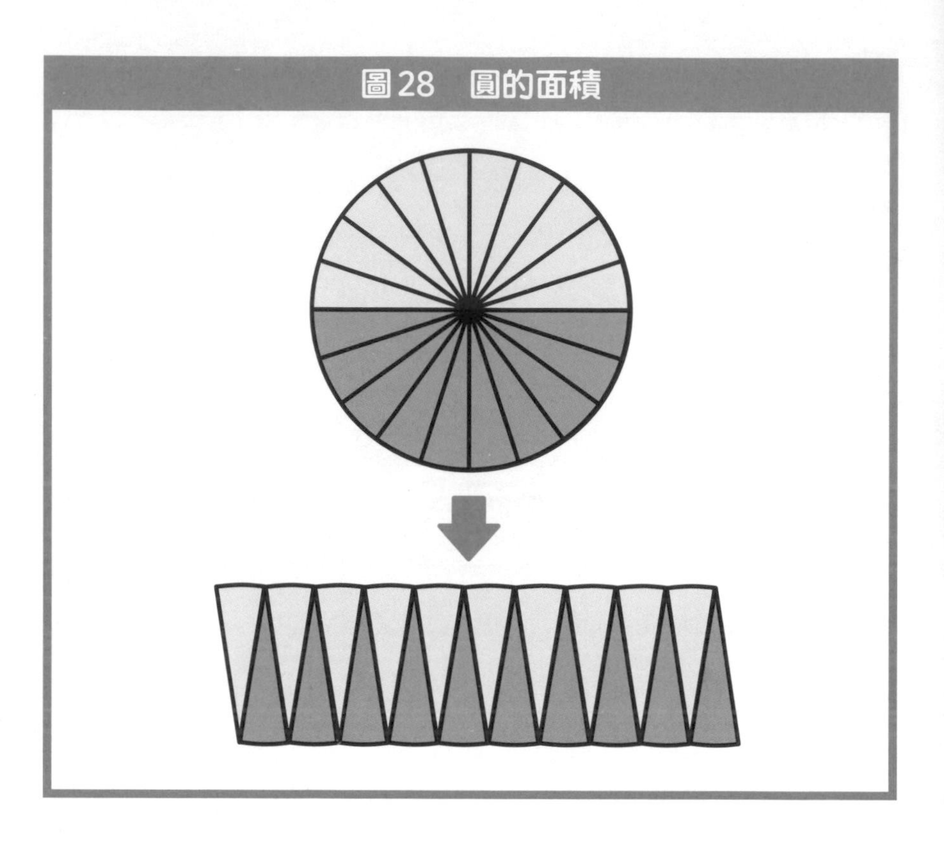

圖28　圓的面積

我想起來了！

但要計算球的體積，還是有點難以想像。

證明球的體積公式

證明球的體積公式 $\frac{4}{3}\pi r^3$，大致的流程可以寫成以下這4個步驟。

1. 先把球體分為相等的兩個半球體，再分成N個小塊
2. 寫下N－1層的蛋糕<半球的體積<N層的蛋糕之不等式
3. 計算蛋糕的體積
4. N的數值非常大時，左邊和右邊幾乎為$\frac{2}{3}\pi r^3$，所以球的體積為2倍，即$\frac{4}{3}\pi r^3$

哇！看起來好難……（汗）。

這裡已經是最後一節了，所以很難。
我們一個一個慢慢說明吧！

我連第一個都不懂……（哭）。

因為要說明一般性的N比較困難，我們先假設N＝3來想想看。把球從正中央切成兩半，以半球體來思考。這個半球體先依照高度均分，分為三塊。

就是像下一頁圖的上半，把半球體區分成三部分對吧。

接著是步驟2，分成三塊的半球體，以「大蛋糕」及「小蛋糕」夾住。

蛋糕？

請看下圖的下半部，重疊圓柱的立體就像結婚蛋糕的形狀，所以我稱它為「 蛋糕 」。

所以「 小蛋糕的體積<半球的體積<大蛋糕的體積 」。

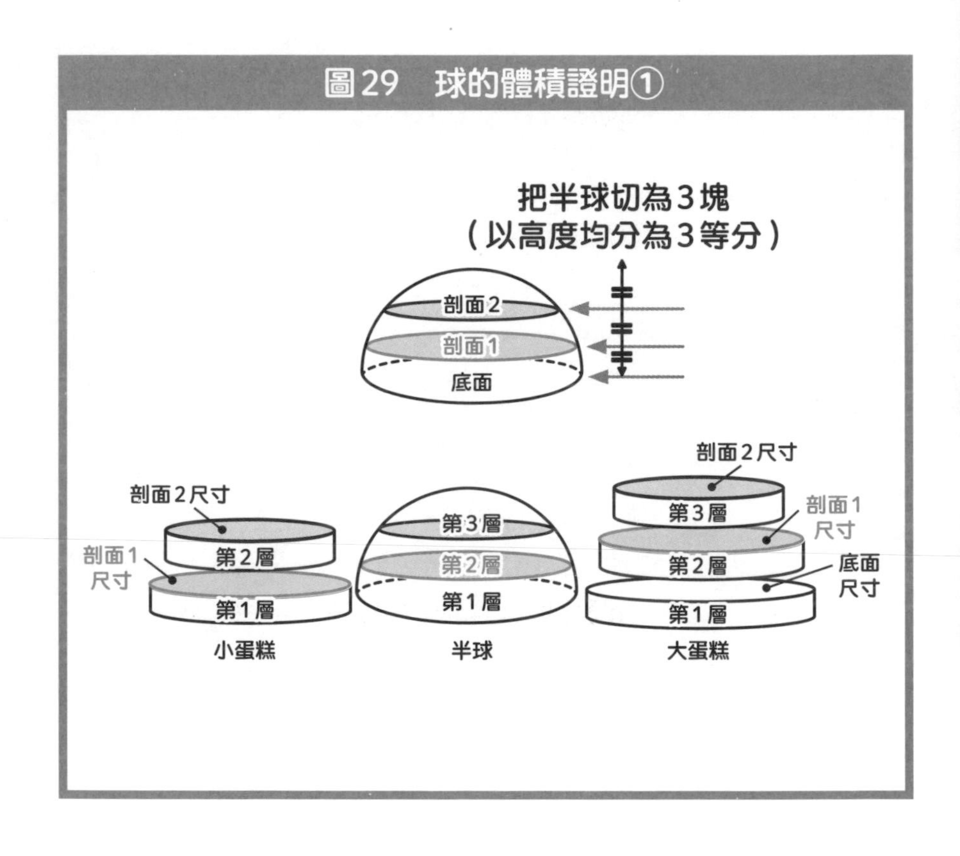

圖29　球的體積證明①

等等！這是為什麼？

我來說明。

- 小蛋糕的第1層，比半球的第1層小。
- 小蛋糕的第2層，比半球的第2層小。

因此，小蛋糕的體積＜半球的體積。

確實，第1層和第2層光看邊邊多出來的部分，的確是半球比較大。

較大的部分也是相同的道理。

- 大蛋糕的第1層，比半球的第1層大。
- 大蛋糕的第2層，比半球的第2層大。
- 大蛋糕的第3層，比半球的第3層大。

因此，半球的體積＜大蛋糕的體積。

原來如此！所以小蛋糕的體積＜半球的體積＜大蛋糕的體積。

接下來是步驟3，我們來計算小蛋糕和大蛋糕的體積吧！

首先，各個圓柱體都是把半球分為3等分，高度為$\frac{r}{3}$。半徑則是運用畢氏定理計算出下列的結果。

藍色圓的半徑平方$= r^2 - \left(\frac{r}{3}\right)^2$

老師！我完全看不懂！

請看下一頁的圖。

虛線的直角三角形使用畢氏定理，就會得出剛剛的算式。

呃……斜邊是球的半徑，所以是r，高的方向邊長是$\frac{r}{3}$的意思對嗎？

是的。接著，灰色圓的半徑也使用同樣的方式計算。

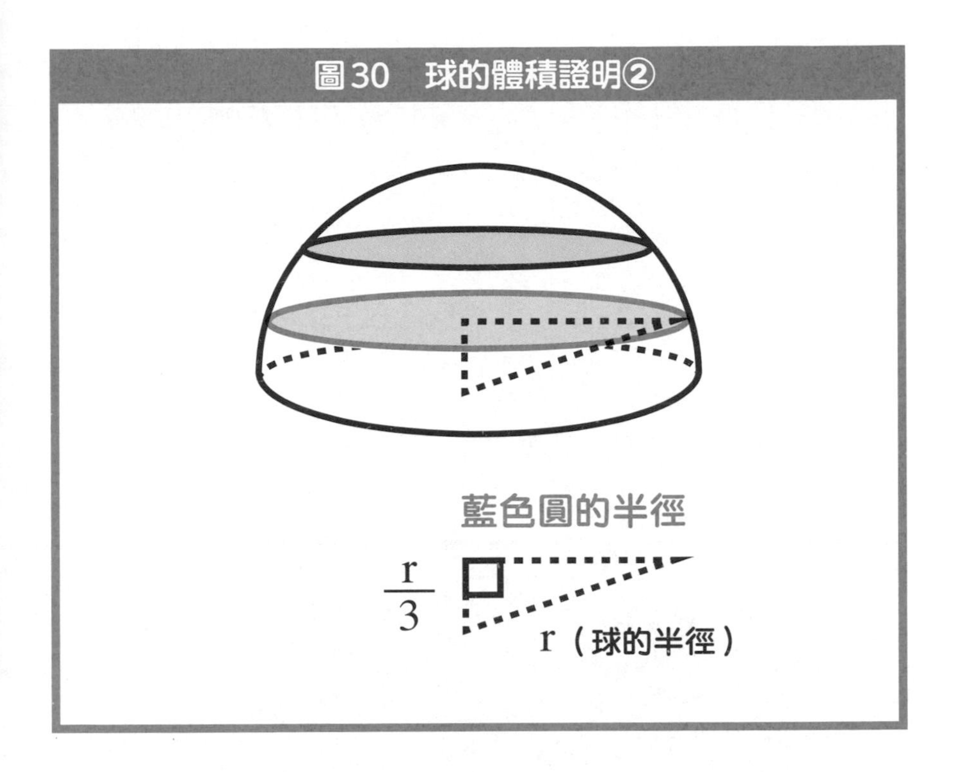

灰色圓的半徑平方 $= r^2 - \left(\frac{2}{3}r\right)^2$

使用這個算式，就能得知小蛋糕和大蛋糕的體積。
首先，「小蛋糕」的體積，計算方法如下。

$$\frac{r}{3}\times\pi\left(\sqrt{r^2-\left(\frac{r}{3}\right)^2}\right)^2+\frac{r}{3}\times\pi\left(\sqrt{r^2-\left(\frac{2r}{3}\right)^2}\right)^2$$
$$=\frac{\pi r^3}{3}\left(1+1-\frac{1}{3^2}-\frac{2^2}{3^2}\right)$$
$$=\frac{13}{27}\pi r^3$$

「大蛋糕」的體積，計算方法如下。

$$\frac{r}{3}\times\pi r^2+\frac{r}{3}\times\pi\left(\sqrt{r^2-\left(\frac{r}{3}\right)^2}\right)^2+\frac{r}{3}\times\pi\left(\sqrt{r^2-\left(\frac{2r}{3}\right)^2}\right)^2$$
$$=\frac{\pi r^3}{3}\left(1+1+1-\frac{1}{3^2}-\frac{2^2}{3^2}\right)$$
$$=\frac{22}{27}\pi r^3$$

因此，就能得到下列結果：

$$\frac{13}{27}\pi r^3<\text{半球的體積}<\frac{22}{27}\pi r^3$$

也就是說，半球的體積比$\frac{13}{27}\pi r^3$大，比$\frac{22}{27}\pi r^3$小。

$\frac{4}{3}\pi r^3$這個目標的算式還沒出現⋯⋯。

還要再一下下，加油！

⊕ 計算「N層的圓柱」體積

剛剛是把半球切成3層的小塊，我們也可以切成更細的100層、1000層、1萬層，或是10萬層。

10萬層的蛋糕⋯⋯！

圖31　球的體積證明③

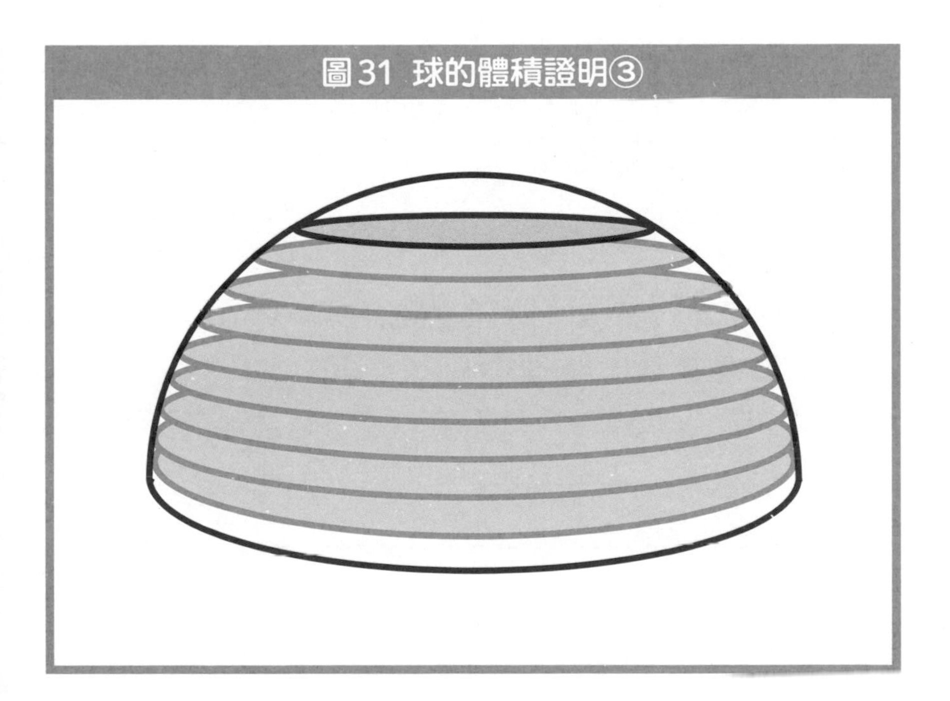

是的。每一層都非常薄。

我們進一步想一想分為N層的小塊會怎麼樣。

感覺好難喔……。

不至於很難啦。

只要確實理解3層是怎麼回事，N層也很簡單，以同樣的方式思考看看，

小蛋糕的體積<半球的體積<大蛋糕的體積。

較小的部分，也就是N－1層的蛋糕體積，算式如下：

$$\frac{\pi r^3}{N}\left((N-1)-\frac{1^2+2^2+3^2+\cdots+(N-1)^2}{N^2}\right)$$

較大的部分，也就是N層的蛋糕體積，算式如下：

$$\frac{\pi r^3}{N}\left(N-\frac{1^2+2^2+3^2+\cdots+(N-1)^2}{N^2}\right)$$

這個看起來超級難……。

算式看起來好像很難，但計算時和分為3層時慢慢計算下來，是完全相同的。我們嘗試假設$N=3$套進去計算看看，就會得出和剛剛一模一樣的算式。

但是，老師。這不是會出現像「$1^2+2^2+3^2+\cdots+(N-1)^2$」這種超級難的算式嗎（汗）？

這個部分其實可以套用下面這個公式來計算。

$$1^2+2^2+3^2+\cdots+(N-1)^2+N^2=\frac{1}{6}N(N+1)(2N+1)$$

又出現新的公式了……（哭）。

因為這個公式有點難，所以我們先證明球的體積之後，再詳細說明。

上面這則平方的加法計算，可以簡化成

「$\frac{1}{6}N(N+1)(2N+1)$」是嗎？

我覺得有點不可思議耶……。

這個公式把N作為N－1使用，用來計算N－1層的蛋糕，以及N層的蛋糕體積。

N－1層的蛋糕體積算式如下：

$$\frac{\pi r^3}{N}\left((N-1)-\frac{1}{N^2}\times\frac{1}{6}(N-1)N(2N-1)\right)$$
$$=\pi r^3\left(1-\frac{1}{N}-\frac{1}{3}\times\left(1-\frac{1}{N}\right)\times\left(1-\frac{1}{2N}\right)\right)$$

N層的蛋糕體積算式如下：

$$\frac{\pi r^3}{N}\left(N-\frac{1}{N^2}\times\frac{1}{6}N(N-1)(2N-1)\right)$$
$$=\pi r^3\left(1-\frac{1}{3}\times\left(1-\frac{1}{N}\right)\times\left(1-\frac{1}{2N}\right)\right)$$

嗯……算式中有N就覺得很複雜呢！

那麼，先假設N＝10000來計算吧！也就是1萬層的蛋糕。
實際計算看看的話，較小的部分「9999層的蛋糕」體積大約為$0.666616\pi r^3$。
較大的部分「10000層的蛋糕」體積大約為$0.666716\pi r^3$。
因此，我們會得到以下算式。

$$0.666616\pi r^3 < \text{半球的體積} < 0.666716\pi r^3$$

把N代入具體的數字，就能計算出來耶。

其實，因為$\frac{2}{3}=0.66666666\cdots$，半球的體積幾乎接近$\frac{2}{3}\pi r^3$對吧？

嗯，我也隱約有這種感覺。

實際上，把N代入更大數值如10萬、1億、1兆……等，小蛋糕的體積和大蛋糕的體積將會無限接近$\frac{2}{3}\pi r^3$。

用N＝1億這麼大的數字來套用是嗎？

或許這樣就能接受，但我們還是實際稍微確認看看吧！

N－1層的蛋糕體積為：

$$\pi r^3\left(1-\frac{1}{N}-\frac{1}{3}\times\left(1-\frac{1}{N}\right)\times\left(1-\frac{1}{2N}\right)\right)$$

→當N數值極大時，$\frac{1}{N}$和$\frac{1}{2N}$都會無限接近0，
所以上面的算式將會無限接近：

$$\pi r^3\left(1-0-\frac{1}{3}\times(1-0)\times(1-0)\right)=\frac{2}{3}\pi r^3$$

N層蛋糕的體積為：

$$\pi r^3\left(1-\frac{1}{3}\times\left(1-\frac{1}{N}\right)\times\left(1-\frac{1}{2N}\right)\right)$$

→當N數值極大時，$\frac{1}{N}$和$\frac{1}{2N}$都會無限接近0，
所以上面的算式將會無限接近：

$$\pi r^3\left(1-\frac{1}{3}\times(1-0)\times(1-0)\right)=\frac{2}{3}\pi r^3$$

「無限接近」的概念有點難，但我大概懂了。

「無限接近」這個詞的意義，要在大學的數學才會更嚴密去思考，多數的人應該像以上的說明就能接受了吧？

結論是：因為半球的體積是$\frac{2}{3}\pi r^3$，所以球的體積是$\frac{4}{3}\pi r^3$對嗎？我覺得有些似懂非懂。大概要練習個5次左右才會懂吧？真的很耗費腦力～（汗）。

的確。這個單元或許真的很難。要說明球的體積公式出現$\frac{4}{3}$，就已經很辛苦了。大約是「努力一點的話，應該勉強可以理解國中數學」的程度吧。

●瑪莉的memo

→球的體積公式，能以N層的圓柱概念來證明！

→但是，證明非常麻煩，大部分的老師沒有在國中時一一解說公式的理由也是無可奈何……。

說明 $1^2+2^2+3^2+\cdots+(N-1)^2+N^2=\frac{1}{6}N(N+1)(2N+1)$

⊕「球的體積」中途出現的算式之謎

最後，我想說明一下在計算球的體積時，出現的這一則公式。

$$1^2+2^2+3^2+\cdots+(N-1)^2+N^2=\frac{1}{6}N(N+1)(2N+1)$$

這一個確實我有點在意！

這是高中數學要學的「平方和」公式。

機會難得，Masuo老師請教我！

例如當 $N=4$ 的時候，左邊會變成以下的算式。

$$1^2+2^2+3^2+4^2=1+4+9+16=30$$

右邊則是變成下列算式。

$$\frac{1}{6}\times4\times5\times9=2\times5\times3=30$$

兩邊得的結果都是30。

哇！好有趣！

運用這一則公式，能快速計算出平方和的數值。

例如，

N＝10000時，如果要計算 $1^2+2^2+3^2+\cdots+9999^2+10000^2$

是件相當辛苦的事。

嗯。加法運算達1萬個確實要命……。

如果運用這一則公式，只需計算

「$\frac{1}{6}\times10000\times10001\times20001$」，計算就變得很輕鬆。

只需3次乘法運算就行了！

確實。計算變得好輕鬆耶。

所以，我們就來證明看看

$$1^2+2^2+3^2+\cdots+(N-1)^2+N^2=\frac{1}{6}N(N+1)(2N+1)$$

⊕ 證明「平方和」公式

首先，當作暖身，先計算下面這個比較簡單的算式。

$$S=1+2+\cdots+(N-1)+N$$

加法運算即使交換順序，結果依然相同，所以反過來也可以寫成這樣：

$$S=N+(N-1)+\cdots+2+1$$

2則算式的兩邊分別相加的結果，

$$2S = (N+1) + (N+1) + \cdots + (N+1)$$

右邊N＋1就是N個，所以

$$2S = N \times (N+1)$$

$$S = \frac{1}{2}N(N+1)$$

例如，N＝3時，$1+2+3=\frac{1}{2}\times 3\times 4$對吧？

確實，兩邊得到的結果都是6。

以具體數字來確認真是太棒了！

再一個熱身準備。

以下是只計算奇數的N個加法運算。

$$T = 1 + 3 + 5 + \cdots + (2N-1)$$

就如剛剛完全相同的做法，如下運算。

$$T = 1 + 3 + \cdots + (2N - 3) + (2N - 1)$$
$$T = (2N - 1) + (2N - 3) + \cdots + 3 + 1$$

$$2T = 2N + 2N + \cdots + 2N$$
$$2T = 2N \times N$$
$$T = N^2$$

例如，當$N = 3$時，就是$1 + 3 + 5 = 3 \times 3$對吧？
兩邊的答案確實相同，都是9。

很不錯喲。先做好以上兩個準備，接著我來證明以下的「平方和」公式。

$$1^2 + 2^2 + 3^2 + \cdots + (N - 1)^2 + N^2 = \frac{1}{6}N(N + 1)(2N + 1)$$

用N來思考會覺得很複雜，所以假設$N = 4$來說明。
請看下一頁的圖。

圖32 平方和

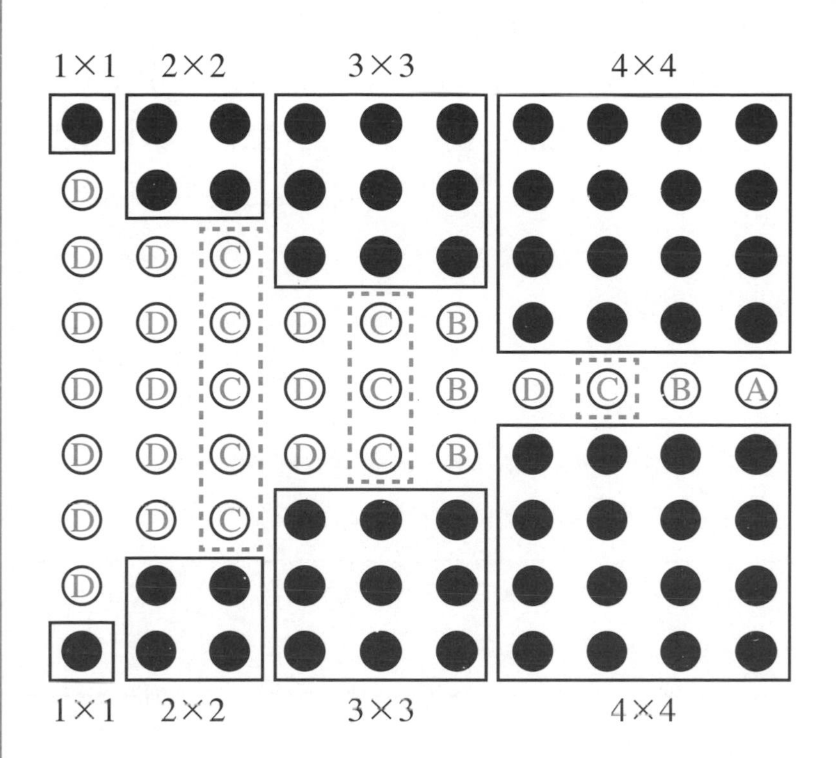

Ⓐ 1×1

Ⓑ 2×2

Ⓒ 3×3

Ⓓ 4×4

咦？這個圖是怎麼回事呢？

首先注意看圖上半部的黑色圓圈部分。

從左往右分別有$1 \times 1 = 1$、$2 \times 2 = 4$、$3 \times 3 = 9$、$4 \times 4 = 16$這些數量的黑色圓圈。也就是說，上半部有$X = (1^2 + 2^2 + 3^2 + 4^2)$個黑色圓圈。下半部的黑色圓圈也是同樣數量。

的確是這樣沒錯耶。

接下來我們看白色圓圈部分。

其實，在黑色圓圈空隙中所填滿的白色圓圈共有

$(1^2 + 2^2 + 3^2 + 4^2)$個

計算結果如上。

咦？是這樣嗎？

圖上把白色圓圈分為A、B、C、D共4組。請妳數一下數量。

應該分別有1、4、9、16。

A. 1個

B. $1+3=(2\times 2)$個

C. $1+3+5=(3\times 3)$個

D. $1+3+5+7=(4\times 4)$個

這裡要使用熱身時證明過的

$$T=1+3+5+\cdots+(2N-1)=N^2$$

哇……好厲害！確實如您說的這樣。

因此，黑色加上白色，全部的圓圈數量為

$X+X+X=3X$個。

黑色為2X個，白色為X個。

另外，因為這個是長方形，所以我們可以計算縱向個數乘以橫向個數來得知全部數量。

縱向個數看圖的右側，得知$2\times 4+1=9$。

橫向個數為$1+2+3+4=\frac{1}{2}\times4\times5$
因此，可以使用熱身時證明過的

$$S=1+2+\cdots+N=\frac{1}{2}N(N+1)$$

這則公式。

也就是說，全部數量為

$$(\frac{1}{2}\times4\times5)\times9$$

計算出來了。

沒錯。從以上算式可以得知：

$$3X=\frac{1}{2}\times4\times5\times9$$

兩邊都除以3的話，

$$X = \frac{1}{6} \times 4 \times 5 \times 9$$

得出以上結果。

假設N＝4，

$$X = 1^2 + 2^2 + 3^2 + \cdots + (N-1)^2 + N^2 = \frac{1}{6}N(N+1)(2N+1)$$

上面這個算式就能成立！

呃……N＝4，N＋1＝5，2N＋1＝9，所以確實符合。

雖然費了一番工夫，但這就證明了「平方和」公式了。

我完全懂了！

雖然花了許多程序，但不需要使用積分也能計算出球的體積。

國中數學課就上到這裡為止！

妳覺得怎麼樣呢？

老師，這次也非常感謝您！

帶著規則與事實的基礎概念，理解各項公式的理由。

事實的證明雖然有一些地方很難，但Masuo老師帶著我一一仔細思考，讓我不只是「似懂非懂」，而是「充滿自信真正理解」。

這麼一來，我應該能有信心擔任姪子的家教了。

太好了！

或許妳也可以從「通則、特例」的觀點去教他數學。

介紹通向更廣闊世界的橋梁，學習國中數學必定更有趣吧！

我要再複習一下，以便能清楚地教他「通則、特例」！

作者介紹

難波博之

1991年出生，在岡山縣長大。東京大學工學部畢業。東京大學大學院情報理工學系研究科碩士畢業。自懂事起便喜歡數字和圖形，國中一年級時，幾乎全憑自學而學會高中數學。高中時曾獲在墨西哥舉辦的國際物理奧林匹亞競賽銀牌。大學時代，用「Masuo」的名義開設以「深入淺出教導深奧的數學定理」為宗旨的網站「高中數學的美麗物語」。在大學生、考生及數學愛好者間迅速引起話題，成為單月400萬點閱數的超人氣網站。現在於大型企業從事研究開發工作，同時仍繼續經營「高中數學的美麗物語」網站。著有《高中數學的美麗物語》、《從原理開始理解數學：計算×圖形×應用》。

超實用中學數學概念筆記

從原理＆規則建構公式×方程式×函數×圖形的進階實力！

2023年1月1日初版第一刷發行

作　　者　難波博之
譯　　者　卓惠娟
編　　輯　曾羽辰
特約美編　鄭佳容
發 行 人　若森稔雄
發 行 所　台灣東販股份有限公司
　　　　　<地址>台北市南京東路4段130號2F-1
　　　　　<電話>(02)2577-8878
　　　　　<傳真>(02)2577-8896
　　　　　<網址>http://www.tohan.com.tw
郵撥帳號　1405049-4
法律顧問　蕭雄淋律師
總 經 銷　聯合發行股份有限公司
　　　　　<電話>(02)2917-8022

國家圖書館出版品預行編目(CIP)資料

超實用中學數學概念筆記：從原理&規則建構公式x方程式x函數x圖形的進階實力!/難波博之著；卓惠娟譯. -- 初版. -- 臺北市：臺灣東販股份有限公司, 2023.01
216面；14.3×21公分
ISBN 978-626-329-655-8(平裝)

1.CST: 數學 2.CST: 通俗作品

310　　111019824